U0215509

献礼中华人民共和国成立70周年

节日花坛设计

FESTIVAL PARTERRE
DESIGN

李婷 徐扬 杨春起 等

编著

中国林业出版社

主要内容

本书详细分析了自2003年以来北京市昌平区节日花坛及展会花坛的建设背景、设计思路、表现手法、施工工艺及花坛制作过程中的创新点，以发展的视角诠释了花坛设计与景观效果的进步，介绍了花坛用主要花材花卉栽培技术，对今后花坛制作有一定的借鉴和启示作用。本书可供花卉生产者、园林设计与施工者、艺术爱好者欣赏与交流。

图书在版编目 (CIP) 数据

节日花坛设计 / 徐扬 , 李婷 , 杨春起编著 . –– 北京 : 中国林业出版社 , 2019.11

ISBN 978–7–5219–0372–0

Ⅰ . ①节… Ⅱ . ①徐… ②李… ③杨… Ⅲ . ①花坛— 观赏园艺 Ⅳ . ① S688.3

中国版本图书馆 CIP 数据核字 (2019) 第 262429 号

中国林业出版社·风景园林出版分社

策划和责任编辑：印芳　王全

出版	中国林业出版社 (100009　北京西城区德内大街刘海胡同 7 号)
	http://www.forestry.gov.cn/lycb.html　电话：(010) 83143565
发行	中国林业出版社
印刷	固安县京平诚乾印刷有限公司
版次	2019 年 12 月第 1 版
印次	2019 年 12 月第 1 次
开本	710mm × 1000mm　1/16
印张	13
字数	300 千字
定价	138.00 元

编　委　会

主　编：李　婷　徐　扬　杨春起　刘童杰　金　环

　　　　孙维娜　程东宇　马淑霞　张　军

副主编：史东霞　贺　林　邓　明　黄小红　寇玉荣

　　　　赵晓红　常志勇　路覃坦

编写人员（以姓氏笔画为序）：

　　　　王　宇　王　俊　王小莹　王思玮　王科然

　　　　王新宇　王嘉宜　冯　林　邢紫剑　纪茂青

　　　　朱　红　朱平安　刘　佳　刘成青　刘芸静

　　　　刘雅楠　杨永华　杨春艳　李旭栋　李铁彪

　　　　何佳亮　谷丽佳　陈　磊　陈　曦　孟　娜

　　　　赵　丹　赵海涛　姚　芬　贾依琳　徐　鑫

　　　　崔　岩　崔　超

前言

花卉是中国古典园林造园的四大要素之一。我国植物造景有着悠久的历史和深厚的文化底蕴，也是文人墨客争相吟咏的对象。新中国成立以来，特别是改革开放以后，国民经济飞速发展，城市化进程加快，人们生活水平日益提高，选用色彩斑斓的花卉点缀城市空间、装点人居环境已成为人们日常生活中不可或缺的一部分，花坛建设随之兴起。时代变迁，中西艺术的交流，思想的碰撞，促进了人们园林艺术鉴赏水平提升，花坛的表现形式不断丰富和创新，艺术水平越来越高。科技进步，推动了花卉生产及造景技术水平的提升，可用于花坛建设的花卉品种越来越多，花坛由二维空间向三维空间拓展。我国有"世界园林之母"的美誉，花卉资源本就丰富，随着可用的花卉品种越来越多，花坛中花卉的应用变得越来越灵活，花坛景观更具层次感，色彩更绚丽。

如今，遍及城市大街小巷依托于花卉生产及造景技术的花坛，不再是简单的城市装饰，它早已成为园林植物造景的重要组成部分，更是传达理念、展现时代特征的重要园林艺术手段，是人们精神生活中不可或缺的组成部分。特别是在节日、展会、展览期间，花坛从立意、设计、选材等方面都会有鲜明的主题、特色，以突显烘托气氛、美化街景、吸引游人的作用。

为满足园林工作者、艺术爱好者欣赏、交流花坛设计理念、施工工艺、表现手法等方面的需求，本书详细分析了2003年以来北京市昌平区节日及展会花坛50余个案例的建设背景、设计思路、表现手法、施工工艺、所用花材及花坛制作过程中的创新点。

由于编者水平有限，加之编写时间急迫，书中疏漏错误在所难免，敬请专家、读者批评指正。

编者

2019年9月30日于北京

CONTENTS

目录

绪论

花坛以其种类丰富的植物材料，深刻诠释时代特征与主题。这种组合艺术造型，已成为城市绿化中不可或缺重要元素，对城市景观质量的提升具有极其重要的意义。花坛色彩丰富，往往布置于最显眼的地方，如广场、公园入口、主要交叉道口、主建筑物前以及风景视线集中的地方，起着主景的作用。

花坛的定义

什么是花坛？人们对花坛的解释有不同的说法。1933年《万有文库》认为花坛是"综合各种色彩，制成若干轮廓，锐意配置，以博新奇为特征。"1934年《造园法》对花坛这样定义："在室外用丛生草花与观叶植物，依其色泽做种种配合，作为园景上重要的点缀。"《中国农业百科全书（观赏园艺卷）》定义花坛为"按照设计意图在一定范围内栽植观赏植物，来表现群体美的设施。"1999年《花卉应用与设计》对花坛进行了新的定义："在具有几何轮廓的种植床内，栽植各种不同色彩的花卉，运用花卉的群体效果来体现图案，或观赏花卉盛开时绚丽景观的一种花卉应用形式。"花坛也是根据时代特征、环境立意和艺术构想，通过利用有效骨架支撑，将不同种类色彩花卉和资材有机组合成平面或立体的空间的艺术造型，用以表现人与自然和谐共生及对环境渲染的艺术形式。

花坛的起源与发展

公元前500年，古希腊在祭祀的时候，常常用盆栽植物进行屋顶装饰；同时，古希腊和埃及也出现了将蔬菜、果树按一定形状栽植的规则式农田，这就是花坛的雏形。古罗马时代，受古希腊文化的影响，盛行在陶器里种植花卉植物。虽然此时仍以生产农作物为主，但是人们开始有意识地选择更有观赏性的农作物种植。15世纪的意大利人有意识地在庄园内按照自己的喜好大面积种植花卉灌木，使之形成图案，同时他们还把树木修剪成迷宫、围墙等几何图形。由于庄园周围是自然景观，所以庄园内部主基调是绿色，花卉是庄园的点缀。这便是最早的绿色雕塑的雏形。此后花坛的制作受到意

大利园林理念的影响，以绿色为主基调。16世纪法国人克洛德·莫莱（1563—1650年）开创了模纹花坛的设计理念。他借鉴衣服上的刺绣花边，利用锦熟黄杨做花纹，用其他花卉做填充材料，用砂子或彩色页岩做底衬，仿佛是在地面上做刺绣，所以也把模纹花坛称为刺绣花坛。随着模纹花坛兴起，花坛色彩更加艳丽，层次更加明显，植物材料引入了彩色的花灌木。随后英国人将模纹花坛进一步创新改进，在草坪上利用镂空、布置鲜花的形式来展现模纹花坛的美丽图案，被后人称为"切割草坪模纹花坛"。19世纪，欧洲人从海外引入了大量植物新品种，植物材料的极大丰富为当代花坛特别是立体花坛的发展奠定了基础。1998年国际立体花坛组委会在加拿大蒙特利尔成立，2000年第一届国际立体花坛大赛在此举办。此后国际立体花坛大赛每3年举办一届，是世界上最负盛名的立体花坛盛事。我国上海的世纪公园举办了2006年第三届国际立体花坛大赛。

中国古代赏花以花台为主。花台的基座一般是以汉白玉为材料，上面雕饰花纹，这种设计方法在欣赏花卉的同时还能欣赏基座，如北海公园的汉白玉花台。新中国成立以后，城市建设速度加快，城市绿化美化事业逐渐开展，花坛设计建设也逐渐发展起来。在第一个五年计划时期（1953—1958年），国民经济迅速发展，用花坛来装点城市的工作也开展起来，五色草就是在这个时期引入进来。50年代末除公园外，各单位开始布置花坛，全国各地争办专类花卉展览，以丰富人们的精神文化生活。60年代初我国进入到三年困难时期，根据上级要求，此后一段时间北京公园里开始栽种一些农作物和蔬菜，花坛数量减少。党的十一届三中全会后，绿化美化工作再次提上日程。1984年为迎接国庆35周年，北京街头广场上出现了以

国庆为主题的各类花坛，自此花坛布置工作开始逐渐兴盛起来。1990年北京亚运会期间大规模采用五色草立体造型花坛装饰比赛场馆、美化环境，取得良好的效果，标志着我国立体花坛进入繁盛时期。20世纪90年代，随着现代工业技术的发展，钢结构骨架制作技术的不断提高，钵苗生产技术的不断改进，特别是穴盘苗生产技术的出现，微型花卉实现工厂化生产，花坛布置形式更加多样化。

花坛分类

现代花坛的样式极其丰富，根据花坛所处的不同位置、时代特征、表现形式、渲染氛围的不同，形成了不同的分类方法。

按形态和空间位置划分

按形态和空间位置可将花坛分为平面花坛、斜面花坛、立体花坛。

平面花坛 平面花坛是花坛花卉在同一水平面上，是平时最常见的一种花坛形式。平面花坛又可按构图形式分为规则式、自然式和混合式三种。规则式花坛是将花坛配置成规则几何图形的一种布置；自然式花坛是相对于规则式花坛来说的，以不规则构造布置；混合式花坛是两种花坛相结合后的一种花坛布置形式。

斜面花坛 斜面花坛是以斜面为观赏面，常常设置在斜坡处或者搭架构建。

立体花坛 立体花坛是向空间延伸的花坛，其特点就是可以从四面八方都可以观赏。通常以钢筋作为骨架，内填种植基质，并在表面栽植植物材料的一种花坛，是植物与雕塑的结合，观赏性强。

按观赏季节划分

按观赏季节分类可将花坛分为春花坛、夏花坛、秋花坛和冬花坛。

按栽植材料划分

按栽植材料分类可将花坛分为一、二年生草花坛、宿根植物花坛、球根花坛、水生花坛、木本植物花坛等。

按固定方式划分

按固定方式可将花坛分为固定花坛、移动花坛两类。

固定花坛 固定花坛是最常见的花坛表现形式。花坛建设后不可再移动。

移动花坛 移动花坛又称活动花坛，可根据需要随时变换展示位置。适用于地面装饰和室内装饰，一般在工厂预加工后再运输至现场，多采用方钢或钢筋焊接成型后填充基质土，也多用于室内小型布景，可拆卸移动，方便运输，是目前比较新颖的花坛表现形式。

按布置方式划分

按布置方式划分可以将花坛分为盛花花坛、模纹花坛和混合花坛。

盛花花坛 盛花花坛一般由观花的草本花卉或者球根花卉组成，要求花期一致，植株高矮一致或中央高、边缘低的花丛组成色块图案，表现盛花时群体的色彩或绚丽的景观。

模纹花坛 模纹花坛图案纹样精致复杂，通常用低矮的观叶植物或花叶皆美的植物材料组成，不受花期的限制，观赏期特别长。为了更明显地突出纹理和图案，通常以修剪来保持纹样的清晰，或做出凹凸的阴阳纹样，因此模纹花坛也叫做浮雕花坛。

混合花坛 混合花坛是指花坛中既有盛花构成要素又有模纹花坛构成要素。

按运用方式划分

按运用方式划分可将花坛分为单体花坛、花坛群、花坛群组、带状花坛、连续花坛群、连续花坛群组

单体花坛 单体花坛是相对独立，陪衬较少的一类花坛。由于其体量可大可小，往往可以见缝插绿地装饰在居民区、大门口、路口等空间不大的空场，也可以布置于广场，作为局部构图的主体。

花坛群 花坛群是由两个或两个以上的单体花坛组成的不可分割的布局整体。其布局中心可以是单体花坛，也可以是与喷水池、纪念性建筑物相搭配融合。

花坛群组 花坛群组是由多个花坛群构成的大型花坛，花坛群之间相互联系，不可分割。

带状花坛 带状花坛外形为长条形。一般宽度1m以上，长度是宽度的3倍以上的花坛称为带状花坛。带状花坛一般设置在道路中央或两边、建筑物的镶边、草地的镶边等。

连续花坛群 连续花坛群是由多个独立花坛或带状花坛呈直线排成一行所组成的有节奏的不可分割的整体。

连续花坛群组 连续花坛群组是由多个连续花坛组成的构图整体。

随着植物材料日益丰富，花坛建设技术手段不断提高，创作手法的不断更新，今后花坛将与城市景观、人文景观进一步融合，美化生活空间，丰富精神生活。

花坛的作用

花坛是现代人生活中不可或缺的一项审美诉求，是城市布置中不可缺少的一个组成部分，具有以下几方面的作用。

美化环境

在人口密集、高楼林立的现代化大都市，花坛让人在紧张繁忙的工作之余，欣赏花开花落，感受四季变化，为人们接近自然、亲近自然提供了更便利的机会。花坛在给人带来美的享受的同时，丰富了城市环境的色彩，给冰冷的水泥、钢铁建筑带来绿色的生机，融入彩色的旋律。

宣传作用

在花坛布置过程中，将不同花材、装饰材料融入其中，或者以某个主题塑造立体花坛、造型花坛，寓教于乐，在观花赏景的同时，以花坛特有的感染力和感召力进一步丰富人们的精神世界。

组织交通、分隔空间

利用带状花坛可以很好地达到分隔空间的作用。带状花坛似隔非隔的分隔的视觉效果可以划分空间、装饰道路，特别是在交叉路口、人流车流密集混杂的地区，利用花坛分流车辆、人员，对提高人、车的安全系数，减轻驾驶疲劳有很大的作用。

渲染气氛

花坛色彩丰富，植物材料可选择的范围大，自施工建设到成景时间相对较短，特别是部分盛花花坛，提前设计好构图准备好植物材料，当天即可施工完成，这符合烘托气氛所需要的颜色和施工速度的要求。节假日在广场、绿地、主要交通路口、公园门口等地布置花坛，给人以焕然一新的感觉，加之花坛靓丽的色彩，在绿化美化的同时，更烘托了节日的喜庆气氛。

园艺展示的作用

花坛的布置是植物新品种、花坛养护管理水平、施工及工艺技术、灌溉系统、照明系统等的展示平台。对于生产厂家来说这是一种直接的广告宣传形式，让需求者对产品的使用一目了然，相对于媒体广告来说现场展示效果更好。

花坛植物

花坛花卉种类和用材

花坛建设初期，农业设施相对较少，且以满足人们"菜篮子"需求为主，花卉生产多用自留种子露地种植，生产技术相对落后，主要以肥水控制、摘心处理等措施进行花期调控，手段比较简单。花坛布置多用自然开放的花卉，所用花材颜色以红色、黄色为主，主要品种包括鸡冠花、雏菊、翠菊、荷兰菊、一串红、小丽花、五色草等，种类十分单一。如今花坛颜色多样、花卉品种丰富度不断提高，相应的穴盘育苗技术、花期调控技术、花卉矮化技术等生产技术不断改进与完善，自2003年至今，每年均有新品种花卉入选花坛布置，多则十余种，少则一二种，使花坛颜色更加绚烂，花坛艺术的表现力进一步增强。特别是2008奥运年为花坛花卉的生产与丰富提供了机遇，花坛花卉种类从2004年的5种跨越式发展至2008年的13种（类），增加了蓝色品种鼠尾草，多色品种非洲凤仙花、四季海棠等，进一步丰富了花坛的色彩。2012年，试探性以常春藤绿植作为花坛装饰花卉，取得了良好的效果。自此，绿植成为花坛布置不可或缺的材料之一，棕榈、夹竹桃、针葵、散尾葵等绿植在花坛中布置，赋予花坛别样风情。为体现插花艺术和花卉养护技术的有机结合，增强花坛视觉冲击力，完美展示花坛景观效果，2016年开始尝试选用少量干花、假花点缀其中，为花坛增加了一抹与众不同的颜色。

花坛植物的选择与分类

花坛要保持鲜艳的颜色，整齐的轮廓，因此在花坛植物材料的选择上需要考虑以下六个方面：花期、株型、色彩、高矮、抗性、协调性，即选择花材时要考虑花期长、色彩鲜艳、株型整齐、高矮合适、抗性强、与周边环境相协调的品种。

随着花卉种植技术的不断发展，可用于花坛布置的花卉种类越来越丰富，按生物学特性可分为一、二年生草本花卉、宿根花卉、球根花卉和木本花卉等。花坛上最常用一、二年生花卉进行布置。

一、二年生花卉 一年生花卉是指在一个生长季节内完成自营养生长至开花结实并最终死亡的花卉，一般在春季播种，夏秋季开花结实。园艺上也将部分会因霜冻而死亡的花卉作一年生花卉，部分不论其当年是否死亡，播种后当年开花结实的花卉作一年生花卉，如矮牵牛、美女樱等。一年生花卉大多不耐0℃以下的低温，按照其对温度的要求可以分为三种类型，即不耐寒型、半耐寒型、耐寒型。不耐寒型花卉原产热带地区，遇霜死亡，生长期要求高温，如一串红、鸡冠花等；半耐寒型遇霜会受冻害，严重的甚至会死亡，如雏菊；耐寒型苗期可耐轻度霜冻，不仅不会受到伤害，在低温下还可以继续生长，如石竹。

二年生花卉是指在两个生长季节或两年才能完成自营养生长至开花结实并最终死亡的花

卉，一般是在播种第一年形成营养器官，第二年开花结实后死亡。二年生植物较耐寒，但不耐高温，需要0~10℃低温春化后，在长日照条件下开花。有些多年生花卉也做二年生花卉栽培，如金盏菊、三色堇、瓜叶菊等。

一、二年生花卉是花坛花卉的主要材料，多由种子繁殖，有繁殖系数大、自播种至开花所需时间短的优点，也有花期较短、管理繁的缺点。

宿根花卉 宿根花卉是指植株地下部分宿存于土壤中越冬，其器官形态为变态成球状或块状，地上部分冬季停止生长或枯死，春季地上部分萌发生长、开花结实的花卉。如玉簪、芍药、费菜等。

宿根花卉一般用扦插、分株的繁殖方式，以保持其优良性状。具有种植一次多年开花，栽培管理简单，需要低温、光照等条件变化打破休眠、促进开花的特点。

球根花卉 球根花卉是指植株地下茎发生变态，膨大形成储藏器官的多年生草本花卉。球根花卉分为五类，包括鳞茎类，如百合、郁金香等；球茎类如唐菖蒲、小苍兰等；根茎类，如美人蕉、酢浆草等；块根类，如大丽花、洋牡丹等；块茎类，如仙客来、球根海棠等。

球根花卉可以用分蘖的子球或其他地下膨大部分进行无性繁殖。具有品种丰富，适应性强，栽培管理简便的特点。

花坛施工

现代花坛的的施工经历了单一的地面栽植、钵苗摆放到平面与里面相结合的种植的变化，施工工艺趋于复杂、精湛，布置材料也越来越丰富。

花坛建设理念提升

2003年以前，北京市昌平区花坛建设以平面花坛和斜面花坛为主，大多为对称图形，形式单调，展示时间多为五一、十一等大型节日。随着人民生活水平的提高，审美需求随之提升，仅在节日才能看见的花坛，逐渐在大型展会、公园门口、甚至在平日的街头也能欣赏到。2003年花坛将立体与平面相结合，除花卉以外的非植物硬质材料第一次引入花坛布置中，花坛向立体化建设探索。随后盛花立体花坛、模纹立体花坛相继出现。此时的花坛由于施工工艺的限制，造型较为简单。2004年，填充轻质基质的塑料钵苗在花坛布置中亮相后，凭借质量轻、运输便的特点逐渐将瓦盆苗淘汰出花坛布置中。2008年卡盆技术的引入和运用让设计师有机会将更多的寓意蕴藏于花坛中，花坛立意的设计和表达更加丰富，立体布置水平上了一个新台阶，表现形式更加多样化。2012年随着穴盘苗的引进与应用，缩短了建设工期，降低了骨架载荷，同时使纹样更加精细、造型更加复杂的模纹花坛、立体花坛的布置成为可能，为立体花坛的进一步创新创造了基础条件，立体花坛布置向气势更加磅礴、纹理更加细腻方面不断发展。由于植物颜色和质地的局限性，花坛仅用植物材料不能完全表现所要展现的主题，2006年玻璃钢和PVC材料、2008年亚克力材料、2016年不锈钢材料、2019年人工景观石等其他材料也不断引入，与花坛花卉有机结合，以展现花坛主题。随着花坛建设的立体化、复杂化，原始的喷灌、人工浇灌不仅浪费水资源，同时也不能满足花坛用水需求，2008年开始，在填充轻质基质前，预埋管灌溉设备，同时引入滴箭设备，可以根据植物实际需水量调节灌溉时间和灌水量，保证每株植物的给水给肥量相同，花坛精细化管理程度进一步提升。2011年夜景照明启用，逐渐发展到利用各种新式艺术灯饰装点花坛，将花坛和灯光融合在一起，整个花坛和外围的夜景效果更加亮丽，夜间观景成为可能，实现了白天赏花，夜间观灯的目的。

花坛设计、建设与养护流程

设计是花坛的灵魂，一个好的设计不仅能展示花卉的整体美，更能够体现设计意境、展现设计理念。花坛设计依靠花坛的建设与养护来诠释，三者之间相辅相成。

现场勘查 花坛布置任务下达后，首先需要对方位、地形、周边建筑物高低及主基调、水电供给、现有树木种植等情况进行勘查，根据勘查结果确定设计方案。

花坛设计 花坛设计体量、风格、形状等方面与周边环境相协调，同时考虑设计主题，展示自身特色。花坛的体量应与花坛所处位置广场大小、周边建筑物的高度相匹配，一般不超过广场面积的1/3，不低于建筑物面积的1/5。花坛轮廓应与路边线、建筑物边线、广场形状相协调，色彩与环境相协调，不可过于突兀。最终需绘出外观形象尺寸图、骨架结构图、灌溉系统布置图、效果图等。其中外观形象设计图应包括平面图、正立面和侧立面图；骨架结构图要确定支撑钢架和载体钢架的布置图样。

花坛的土建施工

（1）平整土地：按照设计图纸平整土地，或水平或随地形带有一定坡度。

（2）定点放线：按照设计图比例，用皮尺测量出实际距离，并用白灰做好标记。

（3）基础施工：对于大型立体花坛，需要事先做好基础，以便安装。

（4）图案放样：按照设计图纸用细绳在地面上勾勒出花坛的图案轮廓。

（5）花卉种植或摆放：按照设计图纸，摆放（种植花卉），一般由中心开始向外缘扩散。

花坛立面布置

（1）骨架制作及安装：按照图纸制作骨架，一般采用钢结构骨架。骨架制作完成后安装于花坛预设的基础上。

（2）预埋灌溉系统：安装渗灌系统，保证花卉生长。

（3）固定卡槽、填充基质：使用钵苗进行花坛立面布置的，需先安装卡槽；使用穴盘苗进行花坛立面布置的，需选用保水保肥的轻型基质进行填充。

（4）植物种植：安装卡槽的可直接将钵苗插入卡槽进行布置；使用穴盘苗的，选用出苗整齐、健壮的穴盘苗种植。

花坛的养护 根据苗情，合理安排浇水施肥，喷洒杀虫杀菌剂、生长控制剂等药剂。如有缺苗情况需及时补苗，同时根据花坛展览时间及时更换花卉，保证观赏效果。

花坛未来发展趋势

随着花卉生产技术、育种技术的不断提高，必将有新的花卉新品种运用到花坛中来，白色系及蓝色系品种将越来越丰富，同时也将有更多的花卉品种适于种植穴盘中进行花坛布置。另外，现代社会已经开始迈入物联网时代，互联网+物联网+AI技术在花坛中应用已成为必然趋势。智能物联网将利用传感器监测数据，通过分析，最终实现智能化控制。

参考文献

邓华．浅谈时花花坛艺术的发展 [J]．现代园艺，2011（4）：49-50．

丁天茼，何建勇．世园会北京16区花坛区区有亮点个个有看点 [J]．绿化与生活，2019，3：10-15

段爽．北京国庆花坛设计与植物配植——以2017国庆花坛为例 [J]．2018，12：54-55

樊柯，陈艳秋，刘瑞，等．邳州花坛及花坛植物应用的现状分析 [J]．农技服务，2014，31（10）：166-167．

郭蕾．谈立体花坛设计与施工——以2017年怀柔区一带一路峰会期间花坛布置为例 [J]．中国园艺文摘，2018，5：116-120．

郝广清．花坛造景艺术在园林中的应用 [J]．现代园艺，2012，19：51-52．

金嬿，刘燕．绚丽的模纹花坛 [J]．北京林业大学学报（社会科学版）．2004，3（2）：19-22．

蓝海浪．立体花坛的研究与应用 [D]．北京林业大学，2009．

蓝海浪．"鲜花的世界，欢乐的海洋"——天安门广场国庆花坛布置浅析 [J]．中国花卉园艺，2006，（21）：18-20

李哲学．园林花坛植物的栽植与施工关键技术 [J]．科技致富向导，2012，24：277，313．

刘金涛，杨玉想，张娟．花坛植物的种植与施工关键技术 [J]．南方农业（园林花卉版），2011，5（2）：72-73．

刘发，张亚民，罗敏，等．模纹立体花坛的特点及五色草在其制作中的作用 [J]．河南林业科技，2003，23（4）：40，45

刘潇潇．常见花坛的分类及应用 [N]．中国花卉报，2007年7月14日．

刘彦红，刘永东．立体花坛——生生不息的绿色雕塑 [J]．雕塑，2007，2：60-61

孟庆武．北京节日花坛 [M]．乌鲁木齐：新疆科学技术出版社．2004．

史俊喜．园林花坛的分类及其功能作用 [J]．现代园艺，2014，6：130-131．

司丽芳，刘晓慧．穴盘苗在立体花坛中的应用 [J]．现代园艺，2018（4）：118-121．

田中，先旭东，罗敏．立体花坛的主要类型及其在城市绿化中的作用 [J]．南方农业（园林花卉版），2009，（3）：3-7．

王显红，彭光勇．试论首都大型节日花坛的发展及展望 [J]．中国园林，2002，6：17-20．

王志刚，门冰，李家虎．花坛造景在园林中的作用 [J]．现代农业科学，2009，16（6）：98-99，122．

吴涤新．花卉应用与设计 [M]．北京：中国农业出版社，1999．

徐蕾．立体花坛穴盘苗工艺用植物的应用与发展 [J]．山东林业科技，2019，2：117-119．

闫静．商业购物中心广场种植池设计研究 [D]．北京建筑大学，2014．

张玮，豆静．北方城市花坛植物的选择配置 [J]．现代园艺，2018，8：133．

张颖，刘庆华，刘志科，等．青岛世界园艺博览会立体花坛的施工与养护 [J]．农业科技与信息(现代园林)：2014，11（7）：12-19

赵玮．立体花坛进展研究 [D]．南京林业大学，2008．

周亚军．节庆花坛设计研究 [D]．中南林业科技大学，2016．

北方地区花坛用花栽培技术要点

　　一个良好的花坛作品，是集艺术构思、园林立意、优质花坛植物、组合造型等多种元素的艺术融合体。花坛用花是抗逆性强、花期长、植株矮小、色彩丰富、耐修剪、适合地栽或盆栽，适合花坛使用的一类花卉植物的总称。本章节就花坛制作中常用的花卉植物栽植与病虫害防治技术做简要介绍。

主要育苗技术

花坛用花主要育苗方式包括营养钵、穴盘、苗床切坨育苗等。

苗床育苗技术

苗床育苗是花卉育苗中经常采用的一种播种和扦插繁殖育苗方式。

苗床育苗技术的特点 苗床育苗的主要优点是播种简便快捷，节约人工，效率高。但若分苗不及时，小苗之间争夺阳光、水肥、相互影响，常会出现徒长苗；分苗时会对根系造成损伤；种植过密会造成苗间通风不良，经常会引起种苗病害发生。

苗床准备 苗床一般设置在温室、塑料大棚等保护地设施内，室内温湿度易控制在合理的变化范围内。苗床育苗有两种形式，即平畦苗床、高畦苗床。畦内育苗基质可就地利用原有园土，也可以根据需要选用草炭、蛭石、炉渣、河沙作为育苗基质或混合基质。

（1）平畦苗床

平畦苗床的畦面与地面平或略高，周围打畦梗。畦梗高10~15cm，宽20cm左右。打好畦梗后踏实，防止畦梗滑塌。也可用砖砌畦梗。深翻疏松畦内表层土壤15cm，平整畦面，撒入适量底肥，同时使用多菌灵进行土壤消毒，再次翻匀，耙平，踏实，浇足底水。

（2）高畦苗床

高畦苗床适用于多雨季节或不耐水淹的花卉育苗。制作前，先深翻疏松畦内表层土壤15cm，撒入适量底肥，再次翻匀、耙平。挖排水沟，沟深20~30cm，宽30cm左右，最后平整畦面，浇足底水。

（3）浇水处理

播种或扦插前将苗床浇透水。

播种、扦插

（1）苗床播种

育苗采用撒播的方式播种，根据种子大小称取一定重量的种子，均匀撒播于苗床上。对于小粒种子来说，单位重量的种子粒数多，一般将种子与细沙混合后分3次均匀撒于床面，之后根据种子大小，上覆一层过筛细土，用雾化喷头或喷水细密的喷头浇透水。最后覆盖塑料薄膜保湿。

（2）苗床扦插

育苗一般选择蛭石、炉渣、河沙等透气性良好的基质作为扦插基质，选用生长健康、长势旺盛的母株上的健壮枝条，保留2~3个健康芽点，最上面芽点距离上切口2cm左右，根据情况留存一片叶片或不留存叶片，蘸生根粉后扦插。扦插深度以露出1~2个芽点为宜。

苗期管理 幼苗出土、扦插苗生根后，揭去覆盖的塑料薄膜。种植过密的需及时间苗，确保幼苗光照均匀，苗间通风良好。间苗后及时浇水。随后根据苗情合理安排浇水施肥工作，天气较冷、温室内湿度高、阴天时可以延长浇水间隔，避免空气湿度过高引起病害发生。

在保证幼苗生长温度的同时，要注意及时通风换气，换出有害气体，降低空气湿度，减少幼苗染病机会。如遇大风降温天气，可以减少换气时间，或者停止换气工作，以防闪苗。

由于撒播苗间距有疏有密，叶片之间相互接触，要特别注意严防传染性病害的发生。

穴盘育苗技术

穴盘育苗是采用轻型基质作为育苗基质，精确播种，每穴一粒，一次性出苗的育苗方式。

穴盘育苗的特点 相较于苗床育苗，穴盘育苗有以下几大优势。

（1）穴盘育苗操作简便，快捷，适用于规模化生产。

（2）每穴种植一粒种子，节省种子。

（3）每株苗相对独立，减少了苗间养分争夺和病害传播。

（4）根系完整发达，移栽时对根系几乎没有伤害，缓苗快，成活率高。

（5）便于管理、运输。

穴盘的准备 一般选择128孔或200孔的穴盘育苗。新穴盘不必消毒。曾经使用过的穴盘需要消毒。可以选择1000倍50%多菌灵：75%百菌清：80%代森锰锌=1：1：1的混合消毒液浸泡1小时，风干后使用。

基质的准备 穴盘育苗用基质一般选用有一定保水能力、透气、排水良好，未受到病虫害侵害，无杂草的轻型基质。可选用的基质包括草炭、蛭石、珍珠岩等。基质pH值调节在5.5~7.0之间。

基质的填装 填装前需将基质充分湿润，持水量一般控制在60%为宜。将配好的基质填装在穴盘中，要保证每个孔填充基质量一致，特别是四边和四角的基质不可填充得过于疏松。填好后用刮板将剩余基质刮掉，最后将装好基质的穴盘叠在一起，轻压。

播种及入床 用手将基质轻压出坑，点入种子，每穴一粒。发芽率低的种子可每穴播种2粒。播种后根据种子大小选择保湿透气的覆盖物将种子覆盖。覆盖物不可过厚。

将苗盘放入苗床，并及时浇透水。一般选用雾化喷头或喷水细密的喷头浇水，以防将种子冲出。

苗期管理 子叶展开后，要立即补苗，补苗完成后，要立即喷水。

穴盘内每孔所含基质较少，持水量小，所以要特别注意水分变化，不能等到完全干透后再浇水。可以经常挖起孔内上半部分基质，检查下部基质含水量，或者托起穴盘，根据重量估计基质中是否缺水。一般选择晴天上午浇水，避免空气湿度长期过高引起病害发生。天气较冷、温室内湿度高、阴天时可以延长浇水间隔。

幼苗在穴盘中时间较短，一般不需要施肥，病虫害的发生机率也比较低。若需施肥、灌口药，则必须浇透水，避免产生肥害、药害。

上钵及换盆技术

苗床所育幼苗起苗时需带土坨起出，尽量保持根系完整；穴盘育苗需在起苗时可见根系发达，包裹住穴孔基质时即可上钵。将幼苗定植在适合的营养钵中。营养钵中事先装入少量基质，将幼苗放置在营养钵中心后在四周添加基质直至稍高于原种植深度。定植后及时浇透水并适当遮阳，以安全度过缓苗期。

当透过营养钵排水孔可以看到根系时，可将其移至大一级别的营养钵中。

水肥控制技术

对于已栽植到营养钵中的花卉，灌水应遵循"见干见湿"的原则。灌水量、灌水时间、灌水次数根据基质类型、植物种类、生长阶段、所处季节等方面来判断。一般来说苗期需水量相对较少，花期需水量大。

施肥一般与灌水结合进行。温暖季节施肥量稍大，间隔较短，一般10~15天/次，寒冷季节施肥量少校，间隔较长，一般20~30天/次。此外还可以配合根外追肥，一般前期喷施尿素，后期喷施磷酸二氢钾，浓度控制在0.2%左右。

花期控制方法

植物什么时候开花，开多长时间都是有规

律的，这就是植物的自然花期。如今仅仅以自然花期不能满足重大节日的花坛布置需求，这就要通过人工来改变花卉的花期或是延长开花时间，即花期控制，通常可采取以下技术措施。

生产措施处理

生产上常用的调节花期的方式包括改变播种时间、修剪、摘心、施肥等改变花期。对于没有春化要求的种子，可以根据花坛布置时间调节播种时间，保证花卉供应；对于桔梗来说，第一茬花即将结束之时，对其进行修剪，并适当施肥，可使第二茬花开得整齐、茂盛；长春花、菊花等花卉在生长旺季摘心，促进侧芽萌发，使株型丰满，花量增加，提高观赏性。

温度处理

植物生长与温度密切相关，一般来说温度越高，植物生长越快，开花时间越短，温度越低植物生长越慢，开花时间越长。

提高温度，促成栽培，提早开花 为保证春季路边美化，特别是五一期间花坛布置，北方地区需在温室内进行生产，保证花卉正常生长，促进其花芽分化。

降低温度，推迟开花 夏季温度较高，植物生长迅速。可以利用水帘、风机、遮阳等方式降低温度，甚至可以放入低温冷库中，减缓花卉生长速度。冷库温度以保持花卉正常生长的最低温度，不伤害花、叶为限。遮阳也可延缓开花、延长开花时间。

部分种子需要低温休眠后才能发芽，可以将种子放入0~5℃的低温冷库中冷藏，使之打破休眠，可以改秋播为春播甚至夏播，这样可以使同一品种陆续开花，实现周年供应。一些二年生花卉和宿根花卉需要低温春化后才能开花，可以将这类花卉放入低温温室，人工使其进入休眠状态，打破休后即可开花。

光照处理

部分植物日照长度影响其开花过程，即有长日照和短日照之分。通过人为调节光照强度和光照时间，使此类对光照敏感的植物按照人们的意愿在非自然花期开花。

长日照处理 在日照时间较短的季节，用补光灯进行补光，创造出植物所需的长日照环境，促使长日照植物开花。

短日照处理 在日照时间较短的季节，通过遮黑措施，减少光照时间和光照强度，创造出植物所需的短日照环境，促使短日照植物开花。

药剂处理

通过喷洒化学药剂，可以调控开花时间，延长花坛的景观效果。如比久可以提高植株叶绿素含量，抑制顶端生长，花朵供能更多，花期提前，开花时间延长；赤霉素处理可以提前花期；萘乙酸处理延迟花期；吲哚乙酸处理花期提前，开花时间延长等。

常见病虫害防治方法

花卉病虫害防治以"预防为主，综合防治"的原则，可以很大程度上防止病虫害的发生，保证花卉正常生产。用农药防治时，应多种农药轮流使用，避免单一用药，使病虫产生抗药性，造成防治困难。

病害

花卉病害种类很多，分为非侵染性病害和侵染性病害两大类。其中侵染性病害危害严重、传播迅速，一旦控制不当，轻则会造成个别植株腐烂、萎蔫、畸形，重则会连片染病，造成巨大损失。

猝倒病 猝倒病是由腐霉属、疫霉属真菌引起的植物苗期真菌性病害。猝倒病会造成缺苗甚至毁种，其表现为烂种或猝倒。病菌侵染种子，种子尚未发芽或者刚发芽已死亡。幼苗出土真叶尚未展开时遭到病菌侵染，植株茎基部呈水渍状，变软并迅速萎蔫，最终茎基部收缩成细线状。病害起初仅个别幼苗发病，条件适合时，以这些发病幼苗为中心，向四周蔓延。此病往往在幼苗真叶展开前，苗床温度低、湿度大、光照不足、播种过密时发生。

防治方法：加强苗床管理，适当通风，加强光照，在晴天上午浇水，杜绝积水，避免空气长时间高湿的情况。均匀播种，不可过密。猝倒病发生后，及时铲除病苗及周围土壤，发病前或发病初期用30%恶霉灵800倍液喷洒灌根，或用50%甲基托布津1000倍液喷洒灌根，发病时用恶霜嘧铜菌酯1000倍液喷洒灌根。一般防治1~2次，间隔7~10天。并及时清除病株及周围带菌土壤。

灰霉病 灰霉病由灰葡萄孢菌真菌引起的植物真菌性病害，在植物茎、花、叶上均可发病，往往在高湿环境下病斑上易生有灰霉。发病时病苗颜色变浅，叶片发病从叶尖开始向内扩展，灰褐色，叶片上健康和生病组织交界分明，幼苗时多在叶柄处出现水浸斑，并变软腐烂，最后病苗枯萎腐烂。

防治方法：灰霉病是一种比较难于防治的病害，在生产过程中以早期预防为主。种植前深翻土地，清除残枝，及时排水，加强通风，防止土壤湿度和空气湿度过高，合理安排种植密度，防止过密造成通风不良。施肥时避免氮肥过量，造成植株徒长，抗性降低。叶面喷洒80%的代森锰锌1000倍溶液2~3次。

细菌性软腐病 细菌性软腐病是由欧文氏杆菌引起的一种危害，主要危害叶柄、花梗，并能造成块茎腐烂。该病是一种由土壤、昆虫、接触均可传播的病害，往往在靠近地表处的叶柄、花梗首先发病。发病初期病斑呈水渍状，暗绿色，之后发黄渐变褐软腐，病斑向上或向下扩展，最终造成全株萎蔫死亡。

防治方法：发病初期可喷洒硫酸链霉素2000~3000倍液、47%加瑞农可湿性粉剂700倍液等。及时清除病株，接触过病株的农具需用0.1%的高锰酸钾消毒后使用。植株管理方面可增施磷钾肥，增强植株抗病能力，同时注意及时消灭害虫。

虫害

人们通常把危害植株的昆虫和螨虫统称为虫害。按害虫取食内容可分为以下两类。

蚜虫 蚜虫分有翅和无翅两种类型。成虫淡绿色。蚜虫的繁殖力很强，一年能繁殖20代左右。蚜虫口器针状，以吸食植株的汁液为生，被侵害的植物叶片向背面卷曲，心叶生长受阻，严重时整株停止生长。

防治方法：首先要做好田园清洁工作。虫害发生时，喷洒吡虫啉系列产品1500~2000倍液，或50%抗蚜威可湿性粉剂3000倍液等。蚜虫的天敌很多，有瓢虫、草蛉等，对蚜虫数量有很强的控制作用，药剂选择时尽量选择针对性药物。

红蜘蛛 红蜘蛛体色变化大，一般为红色，一年发生13代左右。先危害嫩芽，叶片长出后，聚集在叶片背面主脉两侧，逐渐遍布整个叶片。红蜘蛛发生量大时，在植株表面拉丝爬行，借风传播。

防治方法：10%苯丁哒螨灵乳油1000倍液+5.7%甲维盐乳油3000倍液混合后喷雾防治，连用2次，7~10天一次。红蜘蛛天敌很多，有瓢虫、草蛉、小花蝽等，使用药剂防治红蜘蛛时注意不要伤害红蜘蛛天敌。

金龟子及蛴螬 金龟子取食叶片、嫩芽及花朵，造成叶片缺损，影响植物正常生长。蛴螬是金龟子的幼虫，危害严重，常常将植物根茎咬断，导致整株植物死亡。

防治方法：捕杀金龟子可用捕虫灯，或2%噻虫啉微胶囊悬浮液500~600倍液喷洒防治。捕杀蛴螬可用50%辛硫磷与水和种子按1∶30∶400~500的比例拌种，或每亩用2%甲基异硫磷粉2~3kg拌细土25~30kg制成毒土撒入田中，并浅翻。

生产管理技术

花坛用花作为特定时间供应市场的消费品，需掌握其基本生长规律，了解其花期长短才能按时开花，保证展期内的展览效果。

万寿菊

花坛用万寿菊多采用安提瓜系列矮生品种，该品种植株直立，是高密度生产的首选。对光周期不敏感，使生产和管理变简单。花朵可达7.5cm，植株花茎粗壮，便于运输。自然矮生基部分枝能力强。生长期10~12周，适合盆器10cm。株高25~30cm，冠幅25~35cm。

育苗 万寿菊为种子繁殖，四季均可播种。自播种到开花约3个月。播种时间根据用花时间来确定。

万寿菊苗床育苗，苗床用种子1.2g/m²左右，也可采用穴盘育苗。待到平均地温高于10℃以上即可播种。播种前温汤（35~40℃）浸种4小时，控干水分。万寿菊种子较小，可用细沙拌种后均匀播撒至苗床中，或逐粒播种于穴盘内。之后再覆过筛土或蛭石0.5cm左右。播种后一周即可出苗。

万寿菊

苗期管理 万寿菊苗期适宜生长温度为10~28℃，温度不可过高，谨防出现幼苗烫灼伤的情况。幼苗第二对真叶展开前，气温应保持在25~27℃，随后，气温可以逐渐降低至20℃左右。待到室外温度稳定在15℃以上，幼苗真叶3对时，应及时炼苗，以防幼苗徒长。移栽前一周停止浇水。

上钵后管理 万寿菊株高15~20cm，3~4对真叶时即可移栽。通常定植在8cm×10cm的营养钵中，定植后及时浇水。

（1）温光控制

万寿菊是喜光花卉，缓苗期过后，即可保持强光照，促进幼苗生长。上盆后温度可适当降低，开花前后可降低至15℃，以利于形成良好的株型。

（2）肥水管理

万寿菊对水肥要求不严，浇水见干见湿，防止湿度过大出现病害。一般没7~9天浇水一次，同时合理追施尿素。后期叶面喷施磷酸二氢钾。

（3）株型控制

幼苗长至20~25cm时及时摘心，促进分枝。中小型品种在2对真叶展开时喷洒比久，12~15天喷洒一次，直至第一朵花现蕾即可停止。

一串红

一串红莎莎系列矮生型品种，株型直立，中性日照系列，9~10周即可开花。花期一致，在光照或部分遮阴情况下，庭院装饰效果极佳。生长期9~10周。适合盆器10cm，株高20~25cm，冠幅20~25cm。

育苗 一串红为种子繁殖，四季均可播种。自播种到开花约4~5个月。可以根据用花时间、品种特性确定。

（1）播种繁殖

一串红苗床育苗每平方米苗床播种20~25g，也可采用穴盘育苗。播种前控制地温在25℃左右，低于20℃发芽势明显下降，出苗不整齐。播种后覆过筛土或蛭石0.2~0.5cm，出苗后地温降至20℃~22℃。

（2）扦插繁殖

扦插苗开花比实生苗早，植株生长也更整齐。扦插繁殖以5~8月为宜。秋天可将一串红移入温室越冬。早春剪取其上新枝扦插。也可以选用从冬季播种或早春播种苗的掐尖枝条扦插。选择10cm、3个芽点以上的粗壮充实的枝条，保留最上面芽点上一片叶子即可进行扦插。相比来说冬季扦插成活率较高。基质温度20℃左右，扦插后立即浇水，并覆盖塑料膜保湿。10天后生根，20天左右即可移栽。

一串红

苗期管理　一串红幼苗生长较为缓慢，子叶期为10~15天。第一片真叶展开后即可开始施肥，7~10天随水施肥一次。由于一串红对高盐离子浓度较为敏感，可以用N-P-K含量为14-0-14和20-10-20的水溶性肥料交替施肥。后期可以适当控制水分，促进根系生长，防止徒长。

上钵后管理　一串红幼苗长至5~6片真叶，株高4cm左右时即可上钵。

（1）温光控制

一串红是喜光植物，光照充足植株健壮，花色鲜艳，花多。因此，温室内种植一串红，必须摆放在光线最好的地方，必要时进行人工补光。其适宜生长温度为20~25℃，夏季可耐短时间35℃，长期高温下生长，会引起花、叶变小，花期缩短。冬季保持温度15℃以上，长期低温会引起叶片发黄甚至脱落。

（2）肥水管理

一串红不耐涝，忌积水，适宜其生长的土壤湿度在60%~85%。水分过大容易造成植株落叶、死亡的情况发生。开花前追施磷肥，可以使色彩更加鲜艳，花量更大。

（3）花期调控、矮化处理

一串红可以用调节播种日期、摘心的方式进行花期调控。根据一串红自定植至开花的时间倒推播种时间，或在生长期进行2~5次摘心。如果让主花序先开，则不要摘心。需要调整植株高度和花期的一串红可以通过摘心的方式进行花期调控、矮化处理。若需摘心，则育苗时间需稍提前。在苗期第6片真叶展开时可以进行第一次摘心，夏秋最后一次摘心可安排在钵苗出圃前20~30天进行；冬季摘心一般安排在钵苗出圃前30~35天。每次摘心在上一次基础上留两节为宜。也可采用降温与摘心相结合的方法将花期延后。

矮牵牛

矮牵牛呼啦多花系列品种，株型圆整，植株紧凑，不易徒长。分枝旺盛，花园表现持续性强。生长期8~11周，选用10cm×10cm盆器，株高20~25cm，冠幅30~35cm。

育苗　矮牵牛育苗时间根据用花时间、品种特性及育苗环境条件而定。自播种到开花3~4个月。

矮牵牛苗床育苗每平方米用种子1.5g左右，也可采用穴盘育苗。所选用的基质pH值控制在5.5~5.8左右。矮牵牛种子较细小，应将种子与30~50倍的细土或细沙粒混合后再播，之后在覆盖过筛细土或蛭石0.2cm左右，土壤应保湿，但忌湿度太大。发芽温度24℃，一般来说，单瓣品种播种后5~6天即可出苗。

矮牵牛

苗期管理　矮牵牛苗期适宜生长温度为16~20℃，温度不可过高，谨防出现幼苗烫伤的情况。从第一片真叶长出到种苗长出4~6片真叶，气温应保持在18~20℃，随后，气温可以逐渐降低至16~20℃左右。待植株又生长到4~6片真叶时，要控制水分管理，使基质有明显的干湿交替现象，浇水过多易造成幼苗徒长、病害发生。移栽前一周停止浇水进行练苗。

上钵后管理　矮牵牛幼苗具有6~8片真叶时即可移栽。通常定植在4.5cm×6.5cm的营养钵中。

（1）温光控制

温度可控制的情况下，应保持较高的光照水平，缓苗7~10天过后，逐渐见全光，促进幼苗生长。定植后夜温13~16℃，昼温16~18℃，待长出花芽后夜温应降至10℃，以利于形成良好的株型。

（2）肥水管理

浇水见干见湿，防止湿度过大出现病害。可先用海藻精华素浇灌一次后，一般7~10天施肥一次，后期叶面喷施1‰的磷酸二氢钾肥液，以促进该花芽分化。

（4）株型控制

幼苗长至10cm高时及时摘心，以控制高度，促进分枝。植株应注意修剪，及时摘除残花。营养钵体之间要保持适当距离，防止叶片互相遮挡，影响株型。

非洲凤仙花

非洲凤仙花'重音'，种植条件范围广泛，冷凉至温暖环境均可。花朵质量高，分枝旺盛，活力强，生长期长10~11周，适合的盆器10~15cm，或花篮栽植。株高25±10cm，冠幅25±10cm。植株丰满，生长一致，开花早，节间短，分枝能力强，适合高密度生产。

育苗　非洲凤仙花花期很长，若环境合适，四季均可播种种植。

（1）苗床育苗

非洲凤仙花苗床育苗每平方米用种子0.9~1g，也可采用穴盘育苗。因非洲凤仙花种子很小，可将种子与细沙混合后均匀撒于床面，上覆1mm过筛土或基质。将播种好的穴盘置于20~28℃的环境中，一周后即可发芽。

非洲凤仙花

苗期管理　待80%的种子发芽后，可将温度调至15~26℃，26℃以上时可适当遮阳降温。有2对真叶展开后即可叶面喷施N-P-K含量为20-10-20溶液进行追肥。此时应逐渐降低基质相对含水量至30%~40%，加强光照。非洲凤仙花叶片气孔较大，蒸腾旺盛，需水量大，要及时浇水，但水分过多，极易造成根部腐烂甚至出现猝倒病。真叶达到4对，调整温度至15~20℃开始炼苗，同时进一步增加光照强度。其间喷施0.1‰硝酸钾一次。

上钵后管理 非洲凤仙花真叶数2~4对，株高4~6cm时即可上钵。

上钵前可将土壤中施用缓释肥，一般选用肥效3个月左右，N-P-K含量为14-14-14的均衡缓释肥。

（2）温光控制

非洲凤仙花不耐强光，可以用遮阳网防止晒伤叶片。适宜生长温度为17~25℃，最低不可低于12℃，5℃以下植株容易受到冻害，30℃以上时生长缓慢。

（3）水肥管理

非洲凤仙花需水量大，要及时浇足水分，否则就会引起植株萎蔫，甚至落花。为保证植株正常生长，可施N-P-K含量为20-10-20水溶性肥料。

（4）花期调控

一般采用摘心的方法对非洲凤仙花期进行调控，前期轻度摘心可延缓花期7~10天，后期重度摘心可延缓花期15~20天。

（5）株型控制

非洲凤仙花分枝能力强，植株修剪整形，可促使萌发新的分枝，使株型更丰满。但是修剪次数多也会一定程度上降低花量。不修剪的情况下，30天即可进入花期。一般来说生长期内摘心一次比较合适。

四季海棠

四季海棠巴特宾系列品种，株型饱满，生长习性非常一致，开花紧凑，分枝能力强，会快速盖满盆器。生长期11~13周。适合的盆器有15cm花篮，株高20~25cm，冠幅15~20cm。

育苗 四季海棠一般采用穴盘育苗。花期很长，若环境合适，四季均可播种种植。播种基质可采用通气性、排水性良好的草炭：蛭

石：珍珠岩为7：2：1的比例混合使用。每穴点播种子一粒，无需覆盖基质，最后覆盖塑料膜保湿。四季海棠适合的发芽温度是20~25℃，10~15天即可出苗整齐。超过27℃种子容易霉烂，发芽率降低。

苗期管理 幼苗对温光敏感，子叶展开前，温度控制在20~23℃，并用遮阳网遮阳降温。苗期注意控制株高，拉大株间距，防止苗期徒长。

上钵后管理 四季海棠真叶数2~4对，株高4~6cm时即可上钵。一般定植在8cm×10cm的营养钵中。上钵前可将土壤中施用缓释肥，一般选用肥效3个月左右，N-P-K含量为为14-14-14的均衡缓释肥。

（1）温光控制

四季海棠喜温暖忌寒冷，喜疏阴忌暴晒。适宜生长温度为17~25℃，最低不可低于12℃，5℃以下植株容易受到冻害，30℃以上时生长缓慢。四季海棠不耐强光，可以用遮阳网防止晒伤叶片。

（2）水肥管理

四季海棠植株含水量大，叶片大需水量多，要及时浇足水分，否则就会引起植株萎蔫，甚至落花。为保证植株正常生长，可施N-P-K含量为20-10-20水溶性肥料。

（3）花期调控

一般采用摘心的方法对四季海棠花期进行调控，前期轻度摘心可延缓花期7~10天，后期重度摘心可延缓花期15~20天。

（4）株型控制

四季海棠分枝能力强，植株修剪整形，可促使萌发新的分枝，使株型更丰满。但是修剪次数多也会一定程度上降低花量。不修剪的情况下，30天即可进入花期。一般来说生长期内摘心一次比较合适。

四季海棠小苗

四季海棠成品

醉蝶花

醉蝶花植株直立，生长期随季节变化有所不同，一般为13~15周，株高100~150cm，冠幅60~90cm。

育苗 醉蝶花可在早春、春末、夏季播种，夏季、夏秋季、秋季观花。

因醉蝶花为直根系植物，须根少，移栽后缓苗慢，易死亡，一般采用穴盘播种育苗。为提高醉蝶花发芽率，可以将种子放在低温弱光的条件下催芽后再进行播种。催芽盘内垫3层纱布，完全浸湿后撒播种子。一般来讲直径25cm的催芽盘可以撒播1000粒种子，上面覆盖一层浸湿的纱布。将催芽盘放在阴凉处，每天检查水分情况，及时补水。5天左右种子露白后即可播种。

苗期管理 醉蝶花幼苗期生长缓慢，可以适当施肥，保证营养供给。当幼苗长出2~3片真叶时就可以开始叶面喷肥。肥料可选用N-P-K含量为14-0-14可溶性肥料，每10天喷施一次。醉蝶花是喜光花卉，要保证阳光充足，减少遮阴，以防徒长。

上钵后管理 醉蝶花幼苗6~7cm高时即可移植。因其长成后株型较高，易倒伏，一般选用14cm×16cm营养钵种植，种植基质内掺入较重的泥土，同时配入N-P-K含量为15-15-15的复合肥作为底肥。

（1）温光控制

醉蝶花

醉蝶花喜高温，耐热，喜光，最适生长温度20~30℃。在半阴条件下也可生长，但易形成过太高的徒长株。为使其矮化，要尽可能见直射光，每天阳光直射4小时以上为好。

（2）水肥管理

醉蝶花耐干旱，5~7天浇水1次即可，每半个月施肥一次，随水施肥。施肥时需控制氮肥，以控制株高，避免花少和徒长。摘心后施稀薄复合肥1次，促进分枝和花蕾发育。现蕾期需施稀薄复合肥3次，促进花色鲜艳、花蕾膨大。

（3）株型控制

醉蝶花株高10cm左右时摘心，既可矮化植株，又可促进其多分枝，多开花。摘心后醉蝶花侧枝开始生长。可在侧枝长至4cm时喷洒1000倍液多效唑，促使侧枝粗壮、节间变短。现蕾时可喷洒比久溶液，以控制株高，增加分枝，使株型紧凑。喷洒药剂时候要保证喷洒速度一致，避免药剂喷洒过多产生药害，植株生长过于矮小。

鸡冠花（世纪鸡冠）

鸡冠花

鸡冠花为一年生草本花卉，株高30~80cm，喜阳光，在温暖干燥条件下生长较好，对土壤要求不严，但不耐旱也不耐涝，常用于花坛布置的鸡冠花品种包括世纪鸡冠花、和服系列等。

育苗 鸡冠花一般春季和夏季播种。自播种到开花约3~4个月。

鸡冠花种子每克在1200~1600粒之间，可苗床育苗，也可穴盘育苗。播种前先将种子冷水浸泡5~6天。播种后要均匀覆盖过筛细土或蛭石0.5cm左右，土壤应保湿，但忌湿度太大。发芽温度22~24℃，播种后4~7天即可发芽；气温15~20℃，10~15天可出苗。

苗期管理 鸡冠花喜光，不喜遮阴，出苗后幼苗要保证充足的光照，但温度不可过高，谨防出现幼苗烫伤的情况。在夏季高温高湿的情况下，幼苗易患病，要预防为主，喷一次多菌灵，防止猝倒病。

鸡冠花（和服系列）

移栽上钵 鸡冠花有4~6片真叶时要及时移栽。及时移栽对鸡冠花来说十分重要，否则将导致产生小老苗。上钵前，将基质中施过磷酸钾做基肥。鸡冠花为直系根，不宜多次移植，故一次到位，定植12cm×12cm的营养钵中。

（1）温度控制

鸡冠花为阳性植物，喜强光，喜干热，较耐寒、不耐寒。生长过程中应保持光照充足，以防植株徒长。温度应控制在20~25℃之间，后期可调整为15~30℃之间。

（2）肥水管理

鸡冠花喜干，待土壤干燥才可浇水，排水需良好，防止湿度过大出现病害。一般每隔7~8天施一次液肥，氮肥不易多，防止徒长，在花蕾形成时追磷、钾液肥，促进花蕾生长。

（3）株型控制

大部分品种的鸡冠花不必摘心，个别品种可打顶，如需打顶，要在植株具有6~8片真叶时进行，植株高大、肉穗花序较大的应设支柱防止倒伏，出圃冠幅一般为15~22cm。

彩叶草

彩叶草为多年生草本植物，因其老株可长成亚灌木状，此时观赏价值降低，故彩叶草多做一、二年生花卉栽培。彩叶草株高50~80cm，花坛用彩叶草一般控制在30cm左右。叶绿色，上有黄、红、紫色等斑纹。

育苗 在温度适宜的条件下，彩叶草一年四季均可播种，一般在2~3月在温室中播种，自播种到开花约5个月。

（1）苗床育苗

基质可选用筛过的腐叶土与珍珠岩混合，经高温消毒后使用，播种前将苗床浇足底水。播种时把种子均匀地撒在整平后的基质上，播种后无需覆土，用地膜覆盖，保湿透光。发芽温度20~25℃，10天可发芽。若想缩短苗期，可在播种前对种子进行催芽处理。

（2）穴盘定植

穴盘定植，可采用72孔的穴盘，每穴定植一株种苗。基质一般选用草炭与珍珠岩3：1混合，pH值6~7。将基质喷湿消毒后填满各穴，用木板轻轻刮去多余基质。定植时，叶片避免互相覆盖，以免影响光合作用，定植深度为2cm左右为宜，过深影响生根。定植后，用手压实基质表面，浇透水，温度保持在20~25℃。

（3）扦插育苗

彩叶草扦插繁殖多用于培育优良品种，同时可以缩短培育周期。在温度适宜的情况下，一年四季均可扦插，且易生根，成活率高。扦插前要将基质浇透水，待大部分水渗出，再进行扦插。扦插通常宜在5~6月进行，选取叶片色泽艳丽的优良植株，用嫩枝扦插，取茎上部约10cm左右的枝条作为扦插苗，同时要剪去部分叶片，减少蒸发量，将扦插苗根部向下垂直插入1/3，扦插后不要晃动扦插苗，保持一定的温度与湿度，在气温18℃时，15~20天即可生根。

彩叶草（金黄色）

彩叶草（天鹅绒）

苗期管理 一般来说，彩叶草生长普遍较健壮，栽培管理可稍粗放。彩叶草喜光，不喜遮阴，出苗后幼苗要保证充足的光照，且光照应柔和，温度不可过高，谨防出现幼苗烫伤的情况。在真叶长出时期，温度要适当降低，控制在16~17℃，有利于生根，防止徒长。

移栽上钵 彩叶草幼苗长至4~5片真叶，株高6cm左右时即可上钵，一般定植在10cm×10cm的营养钵中。上钵前，可将基质中施入骨粉或复合肥作基肥。

（1）温光控制

彩叶草喜光照、温暖、湿润的环境，适宜生长温度为18~20℃，冬季室内温度应为20~25℃，越冬温度不能低于10℃，温度过低时，叶片变黄脱落，低于5℃植株枯死。彩叶草以观叶为主，若经强光照射，叶色易暗沉，应放在光照柔和充足的地方，以使叶色艳丽。

（2）肥水管理

彩叶草生长较快，生长期注意水肥平衡，水分见干见湿，以平衡型N-P-K含量为14-14-14肥为主。

（3）株型控制

彩叶草在幼苗时期应进行2~3次摘心，促发侧枝，增大冠幅，以使株型饱满、美观，且不可施过量氮肥，导致节间长，叶片疏，株型不美观。

参考文献

程永生.观赏植物花期调控研究进展[J].现代园艺，2011，2：6-8.

黄钢，莫正海，李卉，等.延长观赏植物花期的技术措施[J].江苏农业科学，2012，40（10）168-170.

翟洪民.延长盆花开花期新法[J].吉林农业，2003，7：17.

节日花坛
案例分析

　　随着国民经济的迅速发展，人们生活水平的不断提升，节日期间在城乡关键节点布置花坛已成为扮靓城乡、烘托节日气氛的一项重要手段。不同时代的花坛设置，体现着人们对美的需求的变迁，更展现了园艺工作者的花卉艺术创作理念、表现手法、材料技术与时代发展脚步的有机融合，彰显着时代的印记。

2003

花坛案例

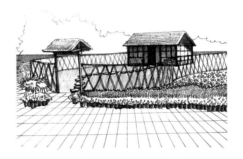

　　2003年是不平凡的一年，第十届全国人民代表大会在北京胜利召开，会议选举产生了新一届国家领导集体；首次载人航天飞船神舟五号成功升空并返回地面；我国遭遇一场过去从未出现过的非典型肺炎（SARS）重大疫情，在党中央、国务院的坚强领导下，全国人民精诚团结，共克时艰，坚持一手抓防治非典，一手抓经济建设，夺取了防治"非典战役"的全面胜利；胡锦涛在江西考察工作期间首次提出"科学发展观"这一理念，指出要牢固树立协调、全面、可持续发展的科学发展观；北京市紧紧围绕"十五"规划和创建"三个首选之区"的奋斗目标，狠抓发展不动摇。为体现党和政府以人为本的理念，在这举国欢庆的国庆之时，在关键节点设置花坛景观，增加欢乐祥和的节日氛围。

花带 亢山广场

Case 1

亢山广场花带实景摄影

亢山广场位于北京市昌平城区东部，政府大街南侧，紧邻中国政法大学、中国石油大学校区、昌平区图书馆和市民居住区，是昌平重要的市民休闲娱乐场所，在亢山广场西北门进入广场的主要通道上布置花带型花坛，既起到导引作用，又可为市民创造良好的步入万花丛中的视觉冲击感觉。

设计思路

亢山广场双向花带，连接广场音乐喷泉及内部区域。与广场内其他景观融合，组成鲜花盛开、色彩纷呈的万花世界。在国庆来临之际，在公园布置花卉景观与花坛，烘托国庆的热烈喜庆的氛围，使市民仿佛进入花的曲径之中，感受天人合一自然意境。

花材、花量

亢山广场花带以红黄两色为主轴，双向布置。长50m，宽1.2m。由一串红、万寿菊、鸡冠花、翠菊四色花材组成。红、黄两色依次排列组成流线形色带。一串红花色鲜艳，花穗高，排在花带的最里侧，平行摆放三行，每延米8盆。第二排3行黄色万寿菊，每延米6盆花。球状鸡冠花与黄色万寿菊均为3行并列摆放，每平方米8盆。双向用花约9600盆。

新技术、新方法、新材料

2003年摆花花材运用国产品种，一串红、鸡冠花、小丽花、翠菊等，都是每年株选花色正、冠幅大、植株低矮、表现好的品种，单株播种繁殖，经过几代株选培养的纯合品种，独立播种繁育后再应用于盆栽生产。荷兰菊、地被菊留种苗在阳畦中越冬，第二年春天分株、扦插进行繁殖。

在城市中以农家小院为题材布置花坛，增加乡村韵味，展现出人民幸福安康的美好生活。

设计思路

农业是人类社会进步的标志。中国是农业大国，有着五千年传承的"躬耕劳作，衣食自资"的、以田园农舍为背景的生活状态与农耕文明的设计，体现了家是最小国，国是千万家。我们"小家"的幸福安康离不开"大国"的繁荣富强，"大国"的背后也离不开无数"小家"的参与和建设。农家小院的造型体现了农民有房住，有地种，有衣穿，生活欣欣向荣、幸福安康的景象。

花材、花量

农家小院位于亢山广场的绿地中。主要以农舍、小院、街门绿地、花片色块为主。

农舍 农舍为木质框架结构，屋顶和围墙为稻草草席及蒲苇席覆盖包裹。农舍长6m，高3.5m，起脊型。

院子 以竹篱笆轧制圈围。院子绿色草坪铺就，一条2m宽的甬道通向门口的竹门楼。简易门楼木质结构，2根2.5m门柱支撑顶部屋脊。

小院内摆放一串红、鸡冠花、万寿菊、天

冬草等花卉做色片花境，提升小院色彩与景观。用花约1000盆。

新品种、新材料、新技术

  亢山广场农家小院的造型是昌平区节日摆花从地面平行摆放向立体花坛摆放的开始。第一次采用木质材料与地摆花卉相结合，造型新颖、别具特色。木质柱子、稻草帘、蒲苇席都是首次应用于昌平区的节日摆花造型中。

2004

花坛案例

　　2004年，坚持树立和落实科学发展观，推进实施"新北京、新奥运"战略构想，使中国的改革开放和现代化建设进程步入了新的历史发展阶段。国民经济平稳较快发展，人民生活水平稳步提高。中国体育代表团在希腊雅典奥运会上获得了优异的战绩，极大鼓舞了中国人民备战2008年北京奥运会的信心和激情。北京市全面落实"节俭办奥运"方针，稳步推进奥运筹备工作。在国庆来临之际，为增添欢乐祥和的节日气氛，各公园及主要道路节点进行花卉布置。亢山广场"步步高"花柱造型、地摆花坛等是其中主要的案例。花坛设计引入了两种立体花坛布置模式——盛花花柱和吊锅花柱。新型立体花坛布置形式的引入，是立体花坛建设的再一次探索，丰富了花坛的表现形式。

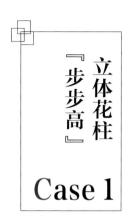

立体花柱『步步高』

Case 1

立体盛花花柱是近年来新兴的花卉布置方式。它占地面积小，能充分利用空间，不受地表条件限制，可在诸多场合摆放。

设计思路

高矮不同的三根立体花柱设计，错落有致地矗立于亢山广场西北门门口。花柱上用不同花色的花材勾勒出色彩斑斓的螺旋状线条，极具几何学美感。花柱周围环绕着以红、黄、粉为主色调的地摆花卉。本组造型形式简约大方，色彩明艳，以简单的构图配合花材丰富的花色勾勒出一幅美妙的立体画卷，既大气磅礴又秀丽典雅，为国庆佳节增添了热闹欢快的节日气氛。

采用花材、用量、设计技巧

花柱由三根高矮不等的圆柱体组成，最高花柱5m，中间4m，最矮3m，直径1.5m。骨架是用三根并列焊接在一个平面的6分镀锌管螺旋而上到顶。两侧用6个圆钢筋遮挡做保护栏。花材选择紫色和玫红色两个花色矮牵牛双层并列螺旋到顶，每延米用花36盆。花盆就是普通营养钵直接码放到每一层的支架上，浇水用竹竿举起水管从顶到下浇水。地摆造型随圆柱体形态，选用一串红、黄色地被菊，矮牵牛玫红色，每平方米用

步步高造型实景

矮牵牛地栽实景

步步高造型实景

步步高造型实景

花42盆。花柱上的螺旋形线条清晰均匀，螺纹间距固定不变，花材颜色鲜亮，表面平整，具有很强的观赏性和艺术性。

新技术、新方法、新材料

矮牵牛是今年试种的新品种，外购包衣种籽，从播种、间苗、上盆、养护、展摆等一系列程序，种植成功。

矮牵牛的花盆试用的12cm×12cm的营养钵。基质为田园土和泥炭土（8：2）。泥炭土是一种黑色有机土壤，具有疏松、透气性，有利于根系生长，是第一次应用在幼苗培育中。营养钵是黑色塑料制品，口径12cm，0.1cm厚度。优点是体积小，重量轻、装筐运输方便。2004年摆花花材以国产的老品种为主。一串红、地被菊、球状鸡冠花、小丽花等均是自己留种籽，再播种繁殖培育的。花盆主要是过去的俗称"二缸子"的泥瓦盆，重量大，易碎，一个空盆子就有150~250g不等。占地大，养护和运输成本都高，逐渐被淘汰。

吊锅花柱造型

Case 2

花柱吊锅实景

吊锅花柱是花柱型花坛的另一种表现形式，吊锅内种植垂钓植物，给人以耳目一新的感觉。

设计思路

花坛由黄色花柱悬挂棕皮吊锅组成。花柱呈树状结构，具多重轮生分枝，分枝上悬吊装满花材的鬃皮吊锅，犹如繁花满树。

采用花材、用量、设计技巧

花柱造型由黄色花柱悬挂棕皮吊锅组成，6根花柱分列于道路两边。花柱高6m，由直径25cm的松树主干经过修型、刮皮、打磨、找平、上色等工序打造成形。棕片吊锅是用钢筋焊制直径20、30、50、80cm直径不等的锅底，铺垫片，捆绑固定后栽花的形式。花柱造型安装时须确保埋入土中的深度不低于1m，土层夯实，且埋入地下的部分要涂抹沥青或其他防水防腐材料，避免木质花柱遇水浸泡腐烂而倒伏。地摆花带三种花材带状延展，路牙里侧是一串

红，中间是黄色的地被菊，外侧是球状鸡冠花。"二缸子"泥瓦盆种植，田园土加20%牛粪做肥料。每平方米25盆花。

使用新品种、新理念、新技术

花柱造型是2004年新应用的造景形式。木桩吊起锁链吊锅与地摆花带相结合，组成立体空间模式，是立体花坛表现形式的进一步探索。

2004年基地育花时，增加了矮牵牛盆栽的种植，其他花卉花盆是"二缸子"泥盆，粘泥土人工烧制，分量重、不标准、运输存放占地大成本高，使用不方便，逐渐被淘汰。

首次使用12cm×12cm营养钵做盆具。营养钵为塑料制品，一般为黑色，可以根据客户需求订制。优点：重量轻、装土少、占地少、便于运输、利于组合造型摆放。装筐运输，一次可以运输30盆（12cm×12cm营养钵），大大提高运输效率，节省成本。

2005
花坛案例

北京奥运会是全中国人民翘首以盼的重大喜事，也是我国向世界展示中国文化的一扇重要窗口。离2008年北京奥运会开幕还有三年，北京市的奥运场馆和基础设施正在有条不紊地紧张施工。在打造优质硬件设施的同时，以城市文明和民众素质为核心的奥运会软实力建设也在紧锣密鼓地推进。

为了让"礼仪北京，人文奥运"的理念更深入广泛地深入人心，为北京奥运会打造良好的人文环境，2005年国庆期间，在昌平公园东门设置了名为"礼仪北京，人文奥运"的标语花坛、在亢山广场绿地中摆放"枯木逢春"花境，"全面建设小康社会"五色草造型，"昌平人民欢迎您"、地摆花钵等造型。

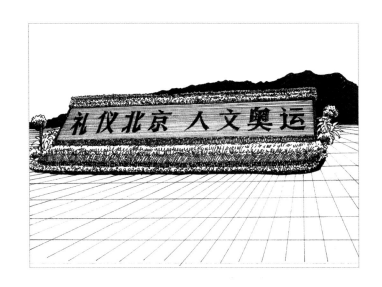

「礼仪北京，人文奥运」标语花坛

Case 1

为了打造文明友好的城市形象，将宣传标语融入模纹花坛之中，让人们在欣赏花坛的同时接受奥运理念。

设计思路

该花坛以绿色花墙为背景，红色宋体字"礼仪北京，人文奥运"突出中心思想。作为背景的绿色饱和度低且大面积铺陈，与点缀其中亮度低的紫红色标语颜色对比强烈又自然和谐。

花坛顶部和底部分别用黄色和红色花材镶边。花坛下面整齐摆放颜色艳丽的盆栽花卉。整体造型简约明快，朴素大方，既强烈地传达了"礼仪北京、人文奥运"的精神，又烘托了节日欢快的气氛。

采用花材、用量、设计技巧

立体斜面五色草组字与地摆花卉相结合简约明快，点明主题。花架全长20m，斜面坡度3.5m，地摆宽度3m。花架是三角铁和钢筋焊成。上面4层台阶式，间距20cm。中间是三角铁焊成间距55cm的大框架（插五色草用的无孔穴盘苗长54cm），大框架共4层，最下面是台阶式平台6层，间距20cm。

用稻草与黄土混合后和泥，将无孔穴盘苗（长54cm，宽28cm，高4cm）侧面用油漆编号，顺序摆放整齐。和好的稻草泥平摊到无孔穴盘苗内用木板刮平，用白灰在泥盘上标记出需要的字体或图案，在穴盘苗的上面搭设梯形踏步，排列宽木板，人站在宽木板上插五色草。随着插制的进度随时挪移宽木板直到整组造型五色草全部插完。在遮阳网内养护一周，视天气情况，阴天或者傍晚去掉遮阳网。修剪时用太平剪修剪平面绿色的底色，用尖头布剪斜向剪口修字，形成立体效果。养护期喷打多菌灵800~1000倍液，预防病害。现场展摆前喷打矮壮素500倍叶面喷雾。

展摆花材运输是关键，先将骨架安装固定好后，摆放顶部的4层台阶，顶层台阶上是一串红和黄色地被菊沿立体骨架台阶一层一层摆放。盆具是15cm的瓦盆，一延米摆放5盆花。

顶层摆好后按照盒子上油漆编号顺序，将穴盘从上顶往下顺序排列摆放整齐。整组造型五色草部分40m²，用小叶绿草每平方米600株，用量为15000株，小叶红草每平方米800株，用量为12000株。五色草穴盘摆好后进行下面台阶摆花。

第一、二层台阶球状鸡冠花两层，每米6盆，用花240盆。混色小丽花三行，每延米5盆，花量300盆。黄色地被菊两行，国产一串红两行，每行用花140盆。每平方米25盆。花架两侧的三角形空间用美人蕉、三角梅遮挡空挡，美人蕉高3m，丛生，冠幅0.8~1m，用50cm木桶种植，三角梅经短日照处理，盛花期开放。

使用新品种、新理念、新技术

2005年是奥运会场馆建设的推进之年，为了宣传营造奥运氛围，加大宣传力度，设计此组花坛。

此组造型中三角梅是经过短日照处理在"十一"期间开花的。北方盆栽养护的三角梅花期在每年的4月底透色，陆续开到6月上旬。

为实现北京奥运会期间三角梅开花的景观，进行三角梅短日照处理技术措施。定好开花目标日期，于用花前50天开始处理。先用黑色不透光的地布将三角梅整棚遮盖住，每天早上9点至下午5点让三角梅见光8小时，下雨天也要揭开地布见光，其他时间一直用黑色地布遮盖，不能透一点光线。遮光5天后利用整形重剪出圆形花冠，中间高，周围低球面型。然后开始控制每天浇水量，不干透不浇水。以枝叶萎蔫，盆土表面泛白色浇水，水量是正常养护的一半。促使三角梅营养生长向生殖生长的转变。经过7~10天的控水，三角梅的枝条顶端会露出一层小三角样的花芽，继续控水遮光10天后，小花芽长到约1cm长，并透出淡淡的粉色，施磷酸二铵融化后的液肥1000倍。继续处理20天左右，间隔10天施液肥，整个花序成型，结束短日照处理正常养护。遮光期间要严格控制光照时间，每天8小时，其他时间全部黑色地布覆盖，如果遮盖不严会影响成花效果，出花晚，开花不齐，花量少。遮光要求连续进行，中间不能间断，间断一次之前遮光的效果全部失效。

短日照处理三角梅

昌平公园东门"礼仪北京，人文奥运"标语花坛实景

昌平区亢山广场花坛实景

『枯木逢春』
主题花坛
Case 2

昌平区亢山广场花坛实景

古老的中国，有着让人骄傲的悠久历史文化，也曾被人轻蔑地称呼"东亚病夫"。现在中国强大了，中国体育事业也飞速发展着，犹如枯木再吐新芽，焕发勃勃生机。

创意理念

利用废弃枯树枝进行造景，地摆花卉相衬托。打造老树新芽焕发活力，枯木逢春又吐绿的效果。

花材、花量、设计技巧

用废弃的三叉枯树桩子固定在草地上。将木桩中心掏空，选生长茂盛的天冬草摘叶，修剪，盆子用无纺布包裹塞入木桩中心的空洞中，用铁丝将花盆与树桩固定。整理垂枝遮盖盆体。地摆花卉不规则形状，以四方形、圆形、长方形等不同形式展现，紫色、红色矮牵牛，黄色翠菊，彩叶草、鸡冠花等色片摆放，每平方米64盆，突出枯树逢春的绿意。

2006

花坛案例

　　2006年是切实落实"新北京、新奥运"战略的关键年。奥运会各项筹备工作稳步、有序地进行。52个奥运场馆及相关设施开工建设，12个新建场馆与5个相关设施主体结构全部完工，国家体育场钢结构、国家游泳中心膜结构安装完成。在瑞士洛桑田径超级大联赛上，中国飞人刘翔以12秒88的优异成绩打破了尘封13年的110米栏纪录，让国人扬眉吐气的同时，也为奥运会的筹备工作带来了巨大推动力。北京奥运会吉祥物福娃公布以来，全国人民深藏已久的奥运激情被彻底点燃。象征着友谊和公平竞赛这一奥林匹克理想的福娃已经成为中国社会妇孺皆知、耳熟能详的关键词。

　　2006年也是中国"十一五"规划的开局之年。北京经济快速发展，城市面貌也呈现巨大变化。昌平区牢固树立生态文明理念，坚持绿色发展，积极探索实践，确立了"科教创新基地、人文生态景区、和谐宜居新城"的发展定位和"构建和谐宜人新昌平"的思路，坚持开放包容，形成有利于昌平科学发展的生动局面，全力提高环境品质，把昌平上风上水的自然优势转化为绿色惠民的民生福祉，使昌平成为社会群体平等相处、人民群众安居乐业的和谐之区。

　　在2006年国庆来临之际，在城区各公园、重要路口、节点进行摆花。昌平公园东门设置了"构建和谐宜人新昌平"标语花坛，在乪山广场设置了以奥运元素为主题的奥运福娃斜面花坛。竞技运动造型及国庆花坛等多种形式的展摆效果，扮靓昌平增加节日气氛的同时，充分宣传奥运理念又给人带来新的视觉冲击，令人耳目一新！

设计思路

　　自从1972年首次出现在慕尼黑奥运会上，吉祥物就成为了奥运会的重要元素之一。吉祥物形象富有活力，传达了主办城市的历史文化和人文精神，增强了奥运会的节日氛围，在体现和推广奥林匹克精神方面发挥了极其重要的作用，深受欢迎。历届奥运会的吉祥物，都是全世界人民关注的焦点。

　　对奥运会期盼已久的中国拥有上下五千年的悠久历史，因此，2008年奥运会吉祥物的发布更是牵动着亿万国人的心。"福娃"一经推出就引起全国乃至全世界的广泛关注。福娃是五个拟人化的娃娃，向世界各地的孩子们传递友谊、和平、积极进取的精神和人与自然和谐相处的美好愿望。其色彩来源于奥林匹克五环，造型和头饰则应用了中国传统艺术的表现方式，展现了中国文化的博大精深。五个福娃名字中的一个字有次序的组成

了谐音"北京欢迎你"，寓意娃娃们带着来自北京的盛情，将祝福带往世界各个角落，邀请各国人民共聚北京，欢庆中国北京的2008奥运盛典。

　　本花坛以奥运福娃造型为主题，整体长25m，高4m。花坛中心部分以小叶绿草作为底色，搭配五个造型各异的奥运福娃，再以构成中国国旗的"红、黄"两种颜色作为镶边。整个花坛颜色对比强烈，造型简约。福娃造型活泼灵动、把象征北京奥运的福娃形象传递给观者，传达了奥林匹克的精神，渲染了奥运脚步越来越近的气氛，提高了广大民众对于奥运会的认

知和参与度。

主要花材、用量、设计技巧

材料的选择和色彩的运用是此花坛的两大特点。

材料方面　花坛中使用的花材暴露在日光下，还需进行日常的灌溉等养护，那么同在花坛中出现的福娃，其材质要求必须防水防晒，PVC板则同时满足了这两项要求，另外具有防变形、防腐、重量轻、易雕刻、易安装的优点。花坛中五个福娃即选用PVC板用电脑雕刻而成的。

PVC板本底是白色，为了给雕刻后的福娃上色，也须选用具有防水、防晒功能的颜料。醇酸烯料防水防晒，还具有耐久、速干的特点，被选作上色的材料，最终制作出了色彩艳丽的福娃。

花和五色草是花坛的主要材料。福娃的材料是硬质光滑的PVC板，五色草为自然细腻的质地，两者形成很大的肌理变化，增强了视觉效果，使福娃形象更加生动夺目。

色彩方面　为使福娃的形象更加突出，以大面积小叶绿草作为背景，五色草就像毛绒绒的绿毯一样衬托着五个福娃，与五彩的福娃形成强烈的对比，极富视觉冲击力，主题突出。造型顶部是球状鸡冠花一排，黄色地被菊一排。每延米5盆。花架下层配有黄地被菊和一串红，外圈围边用碧绿的天冬草，整体营造出花坛简洁、明快的视觉效果，凸显了浓浓的奥运氛围。

新品种、新理念

2006年节日摆花以烘托奥运环境为主线，与欢度国庆相结合，设计五色草组字"标语花坛"、圆形地摆花坛、山水渔家水景、奥运竞技运动造型等不同表现形式的花坛。自2001年申办奥运会成功后，我们从2005~2008年连续参加了"北京市园林绿化行业组织举办新技术新材料推介会及专题报告会"，多次参加展现和推广奥运花卉新优品种及各类技术推广会、多次参观奥运同期"奥运园林绿化科技成果展示活动"，观察筛选的各种奥运花卉品种在8月份高温高湿环境及部分恶劣天气下的表现，学习应用形式和布展经验，对后来的赛时应用具有积极意义。

2006年基地根据北京市园林绿化局指导推荐的奥运花卉新优品种，与北京市花木有限公司天卉苑花卉研究所合作，试种了夏堇、四季海棠、彩叶草、蓝花鼠尾草、观赏谷子等五个不同花色品种的花材，从基质配比、土壤pH值、肥料释放、光照因子等多方位多角度参与到奥运花卉试种试养推广展示中。利用不同形式的花坛造型，对试种推广的新品种进行展示，取得了较好的景观效果，为2008年奥运会期间花坛造景积累了宝贵的经验。

奥运竞技运动造型实景

奥运竞技运动造型实景

奥运福娃斜面花坛实景

水景造型玻璃钢仙鹤实景图

奥运元素竹屏风、观赏谷子、绿植实景

五色草水鸟等立体景观及观赏植物大槟榔实景

玻璃钢假山、鼠尾草造景实景

国庆花坛展示

2007

花坛案例

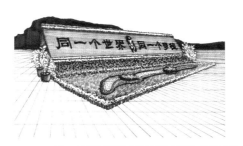

2007年是备战2008年北京奥运的最后一年，作为奥运会铁人三项、公路自行车和残奥会公路自行车赛事活动举办地，为了给全面夺取奥运会攻坚战的全面胜利助力，昌平区在2007年国庆期间，在昌平区主要道路节点、公园广场等地布置摆花工作。昌平花坛围绕"绿色奥运、科技奥运、人文奥运"理念展开设计建设。

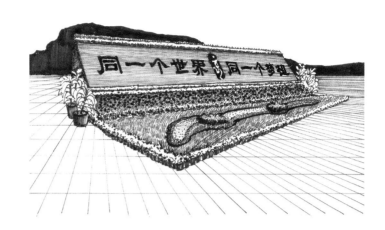

"同一个世界，同一个梦想"精练的口号，凝聚了人类追求美好未来的共同愿望，深刻反映了北京奥运会的核心理念。

设计思路

宣传奥运会的理念成为2007年国庆摆花的重要元素之一。花坛体现"同一个世界，同一个梦想"奥运会核心理念，五色草扦插标语在上，多色花卉地摆花坛在下，色彩明快。

对比强烈、造型庄重，既醒目地宣传奥运精神，又营造热闹祥和的节日气氛。

采用花材、用量、设计技巧

花坛造型由标语板、地摆花卉造型组成。

标语板图案以小叶红草扦插，为隶书体"同一个世界同一个梦想"和"2008年北京奥运会会徽"；背底以小叶绿草扦插而成。再以一串红、地被菊红黄两色花材上下镶边。整体造型长20m，由10个单独2m宽的花架组合，斜面坡度3m。

标语板制作 将无孔穴盘（长54cm，宽28cm，高4cm）侧面用油漆编号，顺序摆放整齐；稻草与黄土混合成泥，平摊到无孔穴盘内用木板刮平，用白灰在穴盘上绘出字体及图案，扦插五色草40m²，小叶绿草20000株、小叶红草12000株。制成的字体及图案在遮阳网内养护一周后，阴天或者傍晚去掉遮阳网修剪形成立体效果。养护期喷打多菌灵800~1000倍，预防病害，现场展摆前喷打矮壮素500倍叶面喷雾。

现场安装 钢架就位后，摆放架体顶部2层台阶，花材为一串红和黄色地被菊，一延米摆放6盆；然后按照穴盘油漆编号顺序，将穴盘从上往下摆放整齐；五色草穴盘摆好后进行下面台阶摆花，红色矮牵牛一行、每米8盆，黄色的地被菊两行，国产一串红两行，每行用花140盆。

地摆花卉造型呈长方形，以蓝色高穗荷兰菊与骨架连接，粉色和紫色花材镶边，中间大

昌平元山广场"同一个世界，同一个梦想"花坛实景图

面积铺陈绿色天冬，中间蜿蜒着红、黄、紫三色花卉组成的图案，最外圈围矮牵牛镶边，遮挡花盆。天冬草、地被菊、荷兰菊、一串红均为泥盆种植，每平方米25盆，矮牵牛12cm营养钵种植，每平方米49盆。

花架两侧的三角形空间用美人蕉遮挡空挡，美人蕉高3m，丛生，冠幅0.8~1m，用50cm木桶种植。

新品种、新理念

种植的花盆有泥瓦盆、营养钵、双色盆、塑料盆、木桶等；五色草基质中添加草炭土、缓释肥；万寿菊、孔雀草、美人蕉、进口一串红均为奥运花卉新优品种。

"奥运福娃"斜面花坛实景图

福娃是北京2008年第29届奥运会吉祥物，向世界各地的孩子们传递友谊、和平、积极进取的精神和人与自然和谐相处的美好愿望。

设计思路

福娃花坛设计思路及制作方法与"同一个世界，同一个梦想"摆放方法一致。五色草造型为主体绿色，以奥运会吉祥物"福娃"做装饰，地摆造型烘托整体花坛氛围。

花材、花量、设计技巧

整体造型长16m，宽度4m，单个2m宽的花架组合，斜面坡度3m。五色草制作方法同上个案例。"福娃"材料为PVC。

板制作方法同2006年"福娃"。

花架上、下台阶色带线条型，由矮生一串红、黄色地被菊、亮橙色孔雀草三色组成，每延米8盆花。地摆花坛以球状鸡冠花做中心圆点，黄色地被菊、矮生一串红做圆心，天鹅绒彩叶草、绿叶玫红四季海棠、鼠尾草、夏堇连接花带组成"同心圆"造型，花材用12cm×12cm营养钵培育。

新材料、新技术、新方法

此组造型的地摆花卉中鼠尾草、夏堇、彩叶草及矮生一串红均为奥运会推荐优选品种。

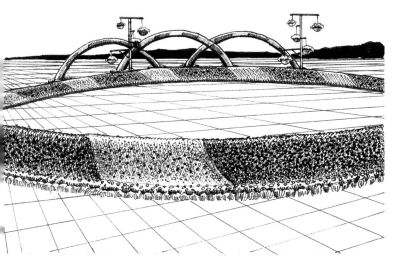

喷泉花坛

Case 3

亢山广场喷泉花坛设计图

利用现有的圆形音乐喷泉进行设计，寓意迎奥运国人齐心协力、万众一心。

设计思路

为国庆节日增添喜庆、欢乐、祥和的氛围，借鉴天安门广场中心大花坛，根据本地区常用花卉设计这组圆形花坛。围绕亢山广场音乐喷泉摆放，组成"万众一心"的造型。

花材、花量、设计技巧

花坛以音乐喷泉为中心，围绕喷泉外围的边缘做周长。花坛直径50m。在中心线位置以品字型摆放陶粒砖做基础，红机砖找平缓

亢山广场喷泉花坛实景图

坡做基础支撑。缓坡内、外长度各2m。国产一串红做中心线,三行摆放,1延米6盆。地被菊做成2m长半圆黄色花芯,半圆之间以红色一串红间断,25盆/m²。2行粉色矮牵牛、绿色垂盆草做镶边材料,利用垂盆草的绿色长枝遮挡住黑色的营养钵,美观又自然。红黄两色对比强烈,绿色收边色彩艳丽,烘托出国庆喜庆吉祥的日子。地被菊"二缸子"盆具,25盆/m²。矮牵牛、垂盆草12cm×12cm的营养钵,做镶边需要密距摆放。每延米单株8盆。

新品种、新材料、新技术

此组花坛是昌平区节日摆花中首次摆放大体量的圆形花坛,虽看着简单,施工时要求高,花材要求高矮一致,花期一致。首先主体陶粒基础要平整,圆的边缘线要整齐突出,摆放时先里后外,浇水用喷头均匀环绕,避免使用水管压力大砸压花头。

2008

花坛案例

　　2008年是北京的奥运年，昌平作为奥运会铁人三项、公路自行车和残奥会公路自行车赛事活动承办地，为向世界展示热情的城市氛围、开放的昌平形象和独特的文化内涵，体现"国际城区""文化名城"和"宜居城区"的功能定位，2008年6~11月在昌平城区重点公园、重要绿地节点进行花卉布置，主要有南环路"盛夏果实"主题花坛，东关路口"时空隧道"主题花坛，永安公园"共舞奥运"主题花坛，水库路沿线"更高更快更强"花坛小品组（含水库路地栽花带）以及道路沿线烘托气氛的花钵、花饰、花带等，打造了花团锦簇、欣欣向荣的城市景观，营造了奥运赛事积极向上、隆重、热烈、欢乐的气氛，展示了昌平的良好形象。

　　2008年昌平区摆花工作获得了广大市民和上级部门的高度认可，在北京市园林绿化局、北京市科学技术委员会、北京市公园管理中心联合主办的"北京奥运会、残奥会花卉布置评比活动"中，"盛夏果实"、"更高更快更强"荣获二等奖，"共舞奥运"荣获三等奖，为摆花工作留下了绚丽的记忆。

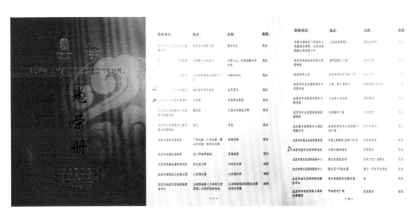

光荣册

奥运元素贯穿全部花坛，每一个花坛就是一个展示平台，既体现了本届奥运理念，还更多地体现在我们民族的精神风貌和文明气质上。奥运精神、奥运意识将成为中国人社会生活的主旋律。

"盛夏果实"主题花坛

Case 1

北京奥运会是全世界的体育盛事，属于世界各国人民。该花坛诠释了我国人民爱好和平的愿望，弘扬了团结、友谊、和平的奥林匹克精神。

设计思路

花坛主体造型由抽象的奥运树、人物剪影和地摆花卉三部分组成。三棵奥运树结出象征辉煌和荣耀的金银铜奖牌的果实；五组人物剪影象征着五大洲人民和谐共处、环绕在树下载歌载舞，欢庆自己用艰苦训练挥洒的汗水浇灌出的奖牌果实。整组设计展现了"十年树木，百年树人"的中华文化，体现了绿色奥运和人文奥运的理念，发出"同一个世界，同一个梦想"的响亮口号。

主要花材、用量、设计技巧

花坛由奥运树、人物剪影和地摆花卉三部分组成。

奥运树 立体"奥运树"共3棵，全为钢骨架结构，两株高7m、一株高9m（宽6m、树干直径1m）。为方便现场安装，将大树分成树干、树冠和底托三部分分体制作。钢架焊制完成后安装灌溉系统。因树体较高，一次打压不能保证树冠顶部植物对水分的需求，因此主水管分段安装，主干安装一根、树冠内安装一根，灌溉时主干与树冠分开进行，均匀分配用水。树体以小叶绿草、大叶红草品字型插制，每平方米用草800~1000株，扦插完成后进行修剪，需在一天内完成且剪口须平齐，剪后喷施一遍杀菌剂（多菌灵、百菌清800~100倍或者进口的醚菌酯系列）。出场摆放前一周可以喷施600~800倍植物生长调节剂B9，控制植株生长速度以防徒长。奥运树上固定亚克力材质的金、银、铜牌各一枚，奖牌直径约1.1m，底托为铁质材料，按照2008年奥运会"金镶玉"奖牌样式等比例制作。首先制作奖牌的雏形，再与奖牌挂钩焊接并涂漆，用PVC板雕刻出奖牌中心的北京奥运会会徽立体造型，用胶粘在奖牌中心，喷涂金、银、铜色泽的醇酸磁漆。

人物剪影 奥运树下5组人物剪影造型，每组高2m、宽3.5m，在钢骨架上包土扦插五色草制作而成。

地摆花卉 地摆花卉呈曲线对称图形包围在立体花坛周围，占地面积约150m²，花卉以绿、黄、红为主色调，花丛由低到高层次鲜明、整齐有序，选用的主要花材有美人蕉、万寿菊、天鹅绒彩叶草、麦冬、羽状鸡冠花、蓝花鼠尾草、孔雀草、垂盆草等，用花量约20000盆。

"盛夏果实"主题花坛实景图

奥运会大树制作实景图　　　　金牌制作实景图

"同一个世界 同一个梦想"主题花坛

Case 2

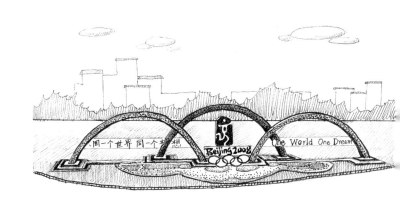

设计思路

　　永安公园西南角是京藏高速公路和辅路进入昌平城区的重要节点，在此位置设计摆放此组造型，宣传北京奥运会的同时也为昌平赛区提供人民期盼奥运，展示奥运的赛事氛围。花坛由三根交叉花拱、"中国印"花台及地摆花卉组成。

主要花材、用量、设计技巧

　　交叉花拱　三根大花拱跨度12m，拱高6m，直径1m，四方形四面观构成。玫红凤仙、亮橙色凤仙、粉凤仙三色卡盆花插制组成。花拱每平方米用花81盆，滴箭给水。花拱两侧亚克力字体"同一个世界，同一个梦想，One World One Dream"作为夜景照明灯饰，点名"同一个世界，同一个梦想"的奥运主题。

　　"中国印"花台　中心花台由中国印"Beijing 2008"奥运五环硬纸钢骨架材料组成。中国印造型高3m、宽1m，由红叶红海棠、绿叶白海棠，卡盆花插制组成。

　　地摆花卉　地摆花坛将三根花拱底托与中心花台连接成为一体，组成回字形。金黄彩叶草、天鹅绒红彩叶草、蓝珍珠非洲凤仙、玫红色非洲凤仙、粉色非洲凤仙、金叶佛甲草、白色非洲凤仙、金黄色万寿菊、孔雀草、垂盆草等10种花材近40000盆花组成。

昌平永安公园西南角——"同一个世界同一个梦想"实景

"时空隧道"主题花坛设计图

"时空隧道"施工现场

历史悠久的奥林匹克运动与源远流长的中华文明在"时空隧道"中相遇……

设计思路

昌平东关路口是奥运会铁人三项赛沿线重要景观节点，此处设置"时空隧道"造型花坛，以铁人三项赛中的体育运动图标为主造型，穿越过时空隧道。时空隧道由"心"型花拱组成，象征着比赛中让人振奋的一次次心跳。地摆造型由一串红、蓝花鼠尾草、矮牵牛、凤仙和黄小菊等组成。

主要花材、用量、设计技巧

造型由立体造型（体育运动图标和心形花拱时空隧道）与地摆花卉两部分组成。

时空隧道 时空隧道心形花拱高4.2m、跨度4m、直径0.6m，相邻花拱间隔3m，为钢骨架结构，均匀焊接卡圈，卡入红白双色海棠，形成色彩艳丽的心形。花拱用花量为3600盆。体育运动图标用小叶红草扦插。

地摆花卉 地摆花卉占地面积110m²，由自然流线花丛和图案摆花形成花境，从时空隧道的底部向体育运动图标汇聚成心型，与花拱相呼应，色彩明快。地摆花坛为天鹅绒彩叶草、玫红色非洲凤仙、白花系非洲凤仙、蓝花鼠尾草、矮牵牛和黄小菊，用花量达7000盆。

东关路口——"时空隧道"花坛实景

『共舞奥运』造型花坛

Case 4

"共舞奥运"造型花坛设计图

奥运精神与东方元素——圆的完美结合，是东方文明与西方文明的一次温情对话。

设计思路

花坛以运动会长跑（田径）、铁人三项和游泳体育图标镂空造型为背景。前方安放三组自行车体育图标造型，地面摆放半圆形平面花坛。

花坛设计虚实结合，前后高低错落，色彩丰富艳丽，整个造型动感十足。

主要花材、用量、设计技巧

花坛由体育图标镂空造型、自行车体育图标造型和地摆花坛三部分组成。

镂空造型 由三个独立的扇形组成，错落

昌平永安公园——"共舞奥运"花坛案例实景

摆放，两侧扇面半径3m，中间扇面半径4m，扇面厚40cm，均为双面观造型，以三色凤仙卡盆填充，花卉用量约8700盆；花坛主体结构为钢骨架，内设置滴灌、微喷。

自行车立体造型 固定在扇面前方，结构为钢骨架，以五色草（小叶绿草、大叶红草）单株密插制成，每平方米用草1200株，用滴灌渗透方式满足花材对水分的需求。五色草插制完成后要进行精细修剪，剪后喷打500~800倍植物生长调节剂B9，控制花材后期生长速度，以防徒长。

地摆花坛 地摆花坛呈圆形，直径12m，选用金黄彩叶草、红色天鹅绒、玫红非洲凤仙等花材交错铺衬，绿色垂盆草镶边，利用垂盆草的长枝遮挡住黑色营养钵，保证摆放效果，用花量达8000盆。

新品种、新理念

2008年，大型钢骨架结构、卡盆花造型、进口缓释肥料、滴灌、渗灌、微喷等灌溉系统第一次应用在昌平立体化花坛造景中；非洲凤仙、四季海棠、蓝花鼠尾草、万寿菊、美人蕉、孔雀草、彩叶草等花材均是北京地区奥运花卉布置常用种类一览表中推荐品种，也是首次在是昌平摆花工作中使用。

参照的技术规范

"更高、更快、更强"花坛设计效果图

风格明快、灵动,充满积极、健康、向上的激情。

设计思路

水库路是2008年北京奥运会"铁人三项"的比赛路段,风景秀丽,景色宜人。此处设置了跨栏、跑步、铅球、体操4组立体造型花坛小品以及非洲凤仙地栽花带。立体造型以3~4人为一组,运用简约流畅的运动造型风格,展示充满活力和青春的运动形象,通过地栽花带将立体造型有机连接,突出"更高、更快、更强"的奥运体育精神。

主要花材、用量、设计技巧

"更高、更快、更强"花坛小品共计4组,每组小品均由运动立体花坛和背景摆花两部分组成,小品整体展平面积为100m²。运动立体造型花坛高2.5~3m,由钢骨架焊接而成。运动人物造型的脚部焊接固定在底座上来保持平衡。人物造型均扦插五色草(绿色、红色),勾勒出色彩鲜明的造型。运动人物造型的底座隐入地

摆花卉中,让观众把视线更多停留在人物造型上,显得人物造型更加生动活泼、灵动飘逸。背景摆花以衬托运动造型花坛为主,或置于运动造型背后,或至于运动造型底部形成地摆花坛。花材选用凤仙(粉色、红色)、四季海棠、垂盆草等,共计用花量9万株。

地栽花带位于前锋学校和军都路口之间,长2200m,宽1.5m,每平方米栽植花材36株,双向两花带用花约240000盆。选用玫红色、白色非洲凤仙间段栽植,为了保证奥运赛事时期花材的观赏效果,提前50天定植。深翻土壤30cm,每平方米加入20%的草炭土和5%鸡粪充分混匀,采用品字型栽植方式,栽后浇水时自然漫灌,避免水压太大将基质土冲成大坑,影响植株成活率。

昌平水库路两侧"更高、更快、更强"花坛小品实景

2009

花坛案例

　　2009年，为了庆祝中华人民共和国成立60周年，按照"隆重、喜庆、节俭、祥和"的总要求，在昌平城区重点公园、重要绿地节点摆放立体花坛9组，花车、花塔、花拱等小品16组，花带、色片等3000m²。以多种形式精心布置装扮节日环境，用鲜花展示新中国成立60周年取得的光辉业绩和成就，营造热烈欢快、喜庆祥和的节日氛围。主要花坛有：赛场公园"普天同庆"；永安公园"春华秋实六十载"、"繁花似锦展辉煌"；亢山广场"繁花似锦"；永安公园"金秋花卉"。在首都国庆六十周年花卉布置评选活动中，"金秋花卉"荣获一等奖，"繁花似锦"荣获二等奖，"普天同庆""春华秋实六十载"荣获三等奖。

依据环境特点综合考虑花坛的主题、表现形式和色彩等因素，建设大小风格不同的花坛。大型花坛展现新中国成立60周年取得的光辉业绩和成就，风格大气；小型花坛营造喜庆、欢快、祥和的节日氛围，灵动多样。

花坛整体效果造型简洁、主题突出，色彩明快、富有节奏。

设计思路

花坛由背景墙、剪影人物和地摆花卉组成。均采用2008年使用过的立体花坛钢骨架，在维修利用的基础上，通过改变摆放位置形成不同的视觉观赏效果。背景墙和地摆花卉大量选用粉红两色渲染国庆欢快热烈喜庆的气氛；人物剪影通体绿色或紫色，造型活泼欢快、简约大方，与背景墙形成较强烈的对比，增强视觉感受。

『金秋花卉』
主题花坛

Case 1

采用花材、用量、设计技巧

背景墙　由三组扇面错落摆放而成，两侧扇面半径3m，中间扇面半径4m，扇面厚40cm，均为双面观造型，以三色凤仙卡盆填充，花卉用量约11000盆；扇面镶边花材选用白色凤仙和白色海棠，扇面中部用粉色、亮橙色凤仙填充，色彩鲜亮、对比强烈，增强了造型的层次感。花材选用冠幅为15~20cm的初花期花卉，避免冠幅太小遮不住卡圈，显得稀疏空旷，有碍观瞻；或者冠幅太大，花面松散不紧凑、高度不一，显得凌乱。

花坛主体结构为钢骨架，内设滴灌、微喷。扇面骨架从离地1m处开始向上安装主管，螺旋式盘绕到顶部，

昌平永安公园——"金秋花卉"主题花坛实景摄影（一等奖）

相邻线圈间隔70cm，在主水管上间隔50cm安插一组16头滴箭。顶部的卡盆一盆花插一束滴箭，要从卡盆土坨上部1/3处斜向45°插入滴箭头，不能插到土坨深度一半以下，避免上部根系缺水致植株萎蔫。顶部间隔1m安装一束微喷头，以保证花材的用水需求。

人物剪影　人物剪影立体造型固定在扇面前方，结构为钢骨架，以五色草（小叶绿草、大叶红草）单株密插制成，每平方米用草1000株，用渗灌满足花材对水分的需求。五色草插制完成后要进行精细修剪，剪后喷打500~800倍植物生长调节剂B9，控制花材后期生长速度，以防徒长。

地摆花卉　地摆花卉造型长15m、宽8m，花材选用非洲凤仙（玫红色、粉色、白色）、彩叶草（天鹅绒红和金黄色）、金黄万寿菊、鼠尾草、垂盆草等8种花材，每平方米用花64盆，共用8000盆。色彩明媚艳丽，线条流畅自然。

『繁花似锦』
主题花坛

Case 2

花拱造型

施工工艺细致，造型简洁而不失严谨，风格清新，给市民呈现出一幅幅充满生活情趣的画面。

设计思路

依托2009年首都国庆60周年城市花卉布置工作主线，在亢山广场内设计制作花拱、花坛、花柱、花球、花车等多种风格的小品造型，营造轴线立体装扮，环线花带成链、节点花岛呈现、公园鲜花不断的城市花卉布置格局，使亢山广场成为点、线、面结合，立体与平面相间的花海景观。

花柱造型

采用花材、用量、设计技巧

蝶恋花 蝴蝶羽翼高3m、厚40cm，为四面观造型，三只为一组。蝴蝶的翅膀正两面以红叶红海棠为底色，中间用绿叶白花海棠插出斑点，图案清晰，颜色对比鲜明；翅膀侧面用3排绿叶白花海棠插制而成。三只蝴蝶用花约4500盆。卡盆花用人工浇水灌溉，节约材料成本的同时，也能保证花材对水分需求，保持景观效果。

地摆花材由醉蝶花（紫色、粉色）、天鹅绒彩叶草、非洲凤仙（亮橙色、蓝珍珠色）及蓝花鼠尾草等8种花材共5000盆组合而成。

昌平亢山广场花轿、花车实景

花拱、花柱、花坛　　花拱高高2m、长6m，骨架由三根镀锌管弯曲后焊接而成，花材选用蓝色和枚红色凤仙，10盆为一间隔交替插入30cm×40cm花托拍，绑附在骨架上。每个花拱用花量约1000盆。地摆花卉选择35cm高的一串红、万寿菊、鼠尾草等遮挡花拱基部，每平方米49盆。

花柱造型分鬃皮吊锅黄柱、树脂吊锅粉柱两种，花柱高6m，由直径25cm的松树主干经过修型、刮皮、打磨、找平、上色等工序打造而成。按轮生方向在花柱上设置不同长度的吊锅支撑架。鬃片吊锅用钢筋焊制，直径20、30、50、80cm不等。锅底铺垫鬃片后栽花，成球面状；树脂吊锅直径与鬃片吊锅大小相似，为园艺市场直接购买的成品。花柱造型安装时须确保埋入土中的深度不低于1m，土层夯实，且地下部分要涂抹沥青或其他防水防腐材料，避免木质花柱腐烂倒伏

圆形花坛　　圆形花坛是亢山广场繁花似锦造型的重点，沿音乐喷泉外围，摆放30cm×50cm花托，下衬陶粒砖、红机砖，造型剖面呈正梯

昌平亢山广场"蝶恋花"实景

形。间隔3m交替轮换插花，选用花量大，花期长的红叶红花、绿叶白花四季海棠做主体花带，玫红色非洲凤仙做地摆衬花，垂盆草镶边。颜色艳丽，色彩对比强烈，视觉效果震撼。

新品种、新材料

地摆花材醉蝶花（粉色、紫色）是2008年北京奥运会试种成功推广的新品种，2009年我们首次实现穴盘苗培育花材。具体过程：7月25日穴盘苗到基地后分栽到11cm×11cm营养钵中，钵中基质为草炭土、松针、珍珠岩、有机肥（5：2：2：1），基质中添加进口大汉缓释肥3~5克（型号为14-14-14）。分栽后，每天上午10：00前、下午4：00后用400目喷头各浇水一遍，间隔10天浇一次1000倍叶面肥。养护20天后，花材冠幅从5cm增至20cm，更换21cm×21cm双色盆，再养护35天花穗逐渐变色生成。8月底即满足摆放条件。

"春华秋实六十载，繁花似锦展辉煌"主题花坛 Case 3

昌平永安公园："春华秋实六十载，繁花似锦展辉煌"花坛实景图

文字点明主题，花拱大气美观，又与环境统一协调，发挥了国庆花坛的最佳效果。

设计思路

花坛以三组大型花拱精心布置用鲜花展示新中国成立60周年取得的光辉业绩和成就，营造热烈欢快、喜庆祥和的节日氛围。

主要花材、用量、设计技巧

立体花拱　由三个跨度12m、宽1m的单体花拱交叉摆放而成，中间花拱高6m，两侧花拱高5m，造型全长42m。第一、第三个花拱中间安装铁制栏杆，中间分别固定亚克力字"春华秋实六十载"和"繁花似锦展辉煌"；中间花拱下设梯形花台（底边长5m、上边长4m、宽度2m、高1m），花台中间悬挂金属材质"1949—2019"，再以彩叶草（金黄色和天鹅绒红色）插成"十一"二字点名国庆主题。花拱花材选择花量大、花期长、整齐度高、颜色艳丽的非洲凤仙（玫红色、亮橙色、蓝珍珠），三个花拱用花13000盆。

地摆花坛　地摆花坛造型长45m、宽12m，以鼠尾草、彩叶草、大花海棠、长春花、银叶菊、醉蝶花、绿叶白花四季海棠等8个品种、22000盆组成流线型组合，遮挡住骨架底托的同时又构成了新的色彩，为整组造型添加活力。

"普天同庆"主题花坛实景图

『普天同庆』主题花坛

『普天同庆』
主题花坛

Case 4

以人物和造型为主，造型和体量大小与周边的环境和参照物比例协调，所处空间便于观赏，让市民感到舒适又美观。

设计思路

造型以奥运会大树立体骨架制作，前面是欢庆建国60周年的舞动人物造型。地摆以红、黄、紫、绿等大色块相组合，营造了喜庆、欢快、祥和的节日氛围。

花材、花量

花树和人物剪影制作方法与2008年基本一致。地摆花卉呈色块对称图形包围在立体花坛周围，长20m，宽10m。花卉以绿、黄、红为主色调，花丛由低到高层次鲜明、整齐有序，选用的主要花材有高美人蕉、万寿菊、金黄色彩叶草、天鹅绒彩叶草、一串红、金叶番薯、玫红色非洲凤仙、蓝珍珠凤仙、孔雀草、垂盆草等，用花量约16000盆。

2010

花坛案例

　　2010年是昌平区组建园林绿化局、实现城乡统筹的第一年，也是昌平区城乡绿化美化工作站在新起点、谋划新发展、实现新跨越的重要一年。2010年摆花工作遵循"三个园林"原则，以"庆祝国庆"、"喜迎园林绿化局成立一周年"和"喜迎昌平区第七届苹果节"为主题，分"春季序幕，夏季过渡，秋季高潮"三个步骤，以政府街、南环路为主线，按照公园等重要节点与道路点线合理结合的思路进行布局，烘托隆重、热烈、喜庆、祥和的气氛，营造花团锦簇、欣欣向荣的景观，实现了以地摆花卉为主，立体花坛为辅，节俭得当、鲜花不断的观赏效果。

昌平政府街——
立体花带
Case 1

立体花带设计简洁大方，以四季海棠为主色块，金叶佛甲草镶边，层次鲜明，花团锦簇，让道路两侧焕然一新，形成一道靓丽的风景线，营造出欢乐喜庆的节日气氛。

设计思路

昌平区政府街两侧汇聚昌平多家机关单位，是城区重点街道。全长1.1km。为烘托国庆节日气氛，在道路两侧摆放花带。用粉、红、白、绿四色组成的立体斜面花带色彩明快，颜色艳丽、立体感强，造型庄重典雅，给庄严沉稳的政府街增添了喜庆祥和的节日气氛。

采用花材、用量、设计技巧

立体斜面花带以政府街花池路牙为靠背，以红基砖和石棉瓦支撑找平后绑缚黑花拍。花带顶部平面宽40cm，摆放绿叶玫红四季海棠。斜面高80cm，交替摆放长7m的红叶红花四季海棠色块和长2m的绿叶白花海棠色块，金叶佛甲草镶边，遮挡黑色营养钵同时增强造型的观赏性和层次感，使造型更加精致。单个色块两色块交界处的花材必须冠幅整齐、株型紧凑，组成的分界线清晰笔直，省去了使用围栏片的工序和成本，体现了自然性、协调性。花带全长1100m，每平方米使用花材96盆，整个斜面花带花材用量约173000盆。

"和谐之音"手绘图

永安公园此次采用的主景观为琵琶造型，寓为"和谐之音"，花坛主题鲜明突出，造型新颖独特，色彩淡雅明亮。

设计思路

昌平有着2000多年的悠久历史，曾有永安城之称，被誉为"密尔王室，股肱重地""京师之枕"。将古乐器琵琶置于昌平区的永安公园，象征着悠悠古城在社会主义现代化建设的新时期下，将一展新姿，焕发出新的生机和活力，奏出市民同乐、城乡同乐的"和谐之音"。本案例的琵琶造型花坛，形态古典雅致，让人眼前一亮，回味隽永。

采用花材、用量、设计技巧

"琵琶"造型位于永安公园东南角，整组造型分为"琵琶"和地摆花坛两部分。"和谐之音"琵琶造型骨架长4m、高4m、宽度60cm，底托长、宽各6m，高80cm。首次采用一面插五色草，一面插卡盆花的双面观立体手法。

琵琶一面是卡盆花造型。用专业围圈机提前制作出11cm×11cm的标准卡圈，避免遇边角斜线处不能焊接整个卡圈时影响后期插花。在钢骨架加工制作时，将标准卡圈排列焊接在主体框架上，每平方米用花量为81盆。卡盆花选用花量大、花期长、茎叶挺拔、冠幅丰满、耐短时间干旱的四季海棠。为了让卡盆花枝叶自然修复，须提前一周换好卡盆。用手托住营养钵底部，轻轻挤捏，完整的土坨即与营养钵分离，再用30cm长的海绵缠绕土坨一周包严。将包好的土坨放入底部垫有10cm×10cm方形海绵的卡盆中，用卡子卡入卡盆对应的卡扣中。

施工现场实景

换卡盆时选择花冠径为15~20cm的花材，因为花冠径太小，盖不住卡圈，使得造型单薄不丰满，花冠径太大，花面松散，作业时容易造成冠幅折损、缺失，形成偏冠，使得造型不平整。换卡盆后及时浇水，防止土坨失水而造成枝叶萎蔫，甚至缺水死亡。插卡盆前，先将6分主水管由底部向上盘旋固定在框架上，相邻水管间隔60~80cm，插入16根一束的滴箭束。滴箭头要从后上方倾斜45°插入卡盆，避免因插入位置太低引起土坨上部吸水不足而影响卡盆花的长势。遇到边角和半个卡圈时，根据剩余卡圈的大小，用铁丝将包裹好土坨的卡盆花插入卡圈内，再用铁丝将海绵坨与周围卡圈捆绑固定，以免海绵坨失水后体积缩小脱落而使造型出现空洞。插卡盆时，按照施工图中标注的颜色和图样进行花色插装。

插五色草的一面，琵琶骨架先用隔板完全封闭，形成单独操作区域，按照1cm×1cm的小方格，焊成网格状，厚度不低于10cm，再将6分上水管用铁丝固定于主体骨架中间部位，相邻铁丝间隔20cm，主水管上均匀盘绕支管进行渗灌。水管固定好后，进行基质土填充，为防止基质填充不实，插草时形成吊死苗，须边填基质边夯实，再用无纺布或遮阴网将土包裹、覆盖，基质土填好后用打包机将网固定，并用颜色明显的记号笔按图样比例画出施工线，按图施工。由于该面弦丝纤细，层次丰富，插制五色草时要特别讲究技巧。为避免五色草的单株冠幅大而导致"品"的线条粗糙，影响美感，琵琶"身"采用单株密植的方法，每平方米用草1200株。琵琶框架边缘采用多株疏插的方法，每平方米用草800株。为使红绿草色相间，

昌平永安公园——"和谐之音"实景

线条清晰明快，更富有立体感，五色草扦插完毕后，先用尖头剪刀将琵琶的弦槽、四只轸子（弦轴）、山口等部位的草修剪成45°斜面，再用大太平剪修剪其余部位。本造型的展摆期历时两个月，为避免五色草徒长，影响观赏效果，五色草修剪完毕后，喷施一遍500~800倍的多效唑（植物生长延缓剂），来抑制五色草生长的速度，使景观效果保持最佳。

地摆花坛长12m，宽10m，花材由彩叶草（金黄色彩叶草、天鹅绒红彩叶草）、紫色矮牵牛、非洲凤仙（蓝珍珠、亮橙色）、万寿菊、一串红、蓝花鼠尾草等8个品种组成，色彩艳丽，缤纷夺目，与琵琶造型清新淡雅的色彩相映成趣。

此组双面观的琵琶造型，无论是造型的设计，骨架的制作，花材的选用，还是对内部花材灌溉（渗透、滴灌、微喷）以及喷施多效唑抑制五色草生长等养护管理方面均取得了预期成效，成为了双面观立体造型的成功典范，获得了广大市民和媒体的赞誉。

永安公园花廊
Case 3

花廊具有较强的立体感及视觉冲击感，垂坠的常春藤、蔓生矮牵牛以及悬挂的四季海棠、美女樱等色彩纷呈如繁花瀑布一样，给人一种恰到好处的感受。

设计思路

花廊为钢骨架，涂成乳白色，具有很强的观赏性，顶部圆弧形，两侧伸展出花枪头花廊高2.5m，游人穿行其中，伸手可以触摸到两侧的花带，抬头可以看见顶部柔软的垂枝，可让市民体会闹市取静的悠闲淡然。

昌平永安公园花廊实景

采用花材、用量、设计技巧

花廊摆放呈S形，11节花廊首尾相接，全长44cm、宽3cm。花材选用常春藤、蔓生矮牵牛、蔓生天竺葵、绿萝等，高低错落，协调有序，辅以组盆悬挂的四季海棠、非洲凤仙、矮牵牛、美女樱等，营造了色彩纷呈、材料丰富、唯美浪漫的花廊造型。

选用常春藤作为本花廊的主要垂吊花材，是本造型的创新之处。常春藤虽在室内生长旺盛、叶色翠绿、长势喜人，但尚未有室外养护的先例。而可在室外养护的垂吊矮牵牛的枝条只能垂下20~30cm，远远达不到垂吊景观的要求。为了研究常春藤室外养护能否达到室内养护的生长状态，我们首次对常春藤进行了室外养护的大胆尝试，做了对比试验。

第一周，每米悬挂一盆。为提高空气湿度，减少阳光照射造成叶片灼伤，每天上午9:30~10:00，14:30~15:00，分两次对叶面喷施雾状清水降温。试验结果显示，叶面无晒伤，无失水萎蔫现象。第二周，将喷水降温次数由原来的两次改成14:30~15:30进行一次。

试验结果显示，常春藤叶子颜色稍微变深，叶子表面略微粗糙，叶子厚度变化不大。第三周，由于气温高、紫外线强度大，在第一周养护处理的基础上，每日上午多浇水1次。结果显示，常春藤叶子无明显变化，在室外养护达到了在室内养护的生长状态。

试验表明常春藤可以进行室外养护从而应用于景观设计。2010年本花廊的摆花实践也证明，常春藤一直表现良好，叶子翠绿，无干叶、干条现象、景观效果良好。

花廊拱高4m，相邻花架相隔3m，整体骨架通过铁艺加工而成。将4m长的镀锌钢管和方钢焊接，将方钢围成30°，转角处由膨胀螺栓固定成一节花架。用同样的方法将方钢向相反方向围成30°，10节花架按照方钢角度正反相间排列以S形串联焊接，随着花拱主体曲线变化，形成一组30m长的自然飘逸花廊，相邻花架之间通过上下两道横杆连接，既美观又巩固了花廊的稳定性。最后花廊骨架整体粉饰白色金属漆，纯白色典雅静致，浪漫唯美的花廊就制作成功了。

2011

花坛案例

2011年是中国共产党成立90周年，"十二五"规划的开局之年，也是站在新高度，谋划新发展，实现新跨越的重要一年。

昌平区坚持环境立区、绿色发展，全力推动"人文北京、科技北京、绿色北京"战略，生态建设成效显著，以绿色、低碳、优美的城乡环境风貌迎接建党90周年；昌平区扎实推进产业结构调整和优化升级，"一花三果（百合花、草莓、柿子、苹果）"已经成为首都都市型农业新亮点，为促进农民增收，维护农村和谐稳定、营造良好生态环境作出了突出贡献，也成为了昌平区一张靓丽的新名片；昌平区在全面推进城市化进程的同时，同步推进城市综合承载力建设，地铁昌平线一期的开通加强了昌平区与中心城区的联系，带动了沿线区域的繁荣发展，有效改善了昌平新城的交通环境，推动城市功能布局进一步优化。

　　有感于当年的重大历史事件和昌平区取得的伟大成就，立足于昌平区自身定位，在国庆佳节来临之际，为打造喜庆欢快的节日气氛以及表达昌平人民热情豪迈、继往开来的勇气和信心，2011年国庆期间，在赛场公园设置了宣传生态文明建设主题的"呵护地球"景观造型，在永安公园设置了体现"一花三果"和地铁昌平线为主题元素的"游生态美景、享鲜果盛宴"组合景观，在芤山公园摆放以庆祝中国共产党成立90周年为主题的"祥云花柱"。中国共产党成立90周年，结合昌平区生态文明建设成就、现代农业的成果通过花坛反映和展现出来，成为市民了解昌平的绿色窗口。

"呵护地球"
主题花坛

Case 1

　　绿色，使地球充满生机。"呵护地球"主题花坛不仅展现结构、造型之美，也激发人民爱绿、造绿的感情，提高人们对绿地功能的认识。

设计思路

　　花坛位于昌平赛场公园西北角，整体造型分为地球、标牌、水池和地摆花卉四部分。

　　一双绿色的手温柔地托抱着地球，象征着具有魔力的"绿手指"呵护着我们人类共同的家园——地球。地球为钢筋骨架结构，镂空区域代表海洋，五色草插制的区域代表陆地。地球侧面书写着"保护昌平一片绿地，撑起昌平一片蓝天"的标牌式花坛。地球造型和标语以一"图"一"文"两种形式共同深化了"呵护地球"这一主题。地球造型前方为一片水域景观，几只形态各异的仙鹤在水中嬉戏、引吭高歌。池畔环绕着五彩斑斓的蜿蜒花带。整组造型简洁明快、色彩绚丽，宛如一幅灵秀、雅致

的画卷，展示出娴静和谐的自然之美。

采用花材、用量、设计技巧

地球 地球造型直径5m，以钢骨架为主体，以方钢圆管做支撑材料。制作"陆地"区域时，先将划定的轮廓用10cm×10cm钢网封闭，并将边缘部位用铁板封闭包严，底部用无纺布和遮阴网包裹，往网格上填埋10cm厚的基质，基质须压实。用小叶绿草和大叶红草分别插制不同的区域，三株品字插，每平方米用草约800株、面积约15m^2。"手"造型也为钢骨架结构，先将钢骨架焊成手的模型，每根手指分别安装渗灌管路，再填基质土、包土和封网。手的造型在插制五色草时，采用大撮稀插的方式，每平方米用草800株。

标牌 长18m、高4m，单面观，扦插小叶绿草作底色、大叶红草作字体。字体扦插前，将图样放线到标牌上，采用单株草细插的手法保证字体丰满；扦插后，对字体进行45°倾斜修剪，字体间隙用尖头剪刀近距离插入多次短剪，字体红草剪留高度高于底色绿草5cm，以展现清晰的字体纹路、增加标牌立体感；修剪完成后，叶面喷施500~800倍多效唑（植物生长延缓剂）一次，防止五色草徒长或斑秃，保持最佳观赏效果。

水池 长30m、宽10m，呈自然流线型，护坡以袋装草碳土叠放制作、以鲜花装饰。12穴黑色花拍直接码放在护坡上，绑缚连接成整体，再将花材插入，避免盆花倒伏。水池池底为塑料布，底衬无纺布加以保护。池中仙鹤为玻璃钢制作，腿部的钢管骨架以海绵（软布）、绿色无纺布包好放入，防止刮破池底的同时使其颜色与水池融为一体。

地摆花坛　长60m、宽15m，选用波斯菊、丰花百日草、万寿菊、三角梅、醉蝶花、天鹅绒彩叶草、非洲凤仙（玫红色、蓝珍珠色、亮橙色）等花材约50000盆组成，依据花材高度特点做出不同地形：波斯菊高生品种60~70cm，每平方米16~25株，代表山脉；波斯菊矮生品种40~50cm、每平方米25或36株，丰花百日草、万寿菊株高30~40cm、每平方米种植36株，代表浅山、丘陵；非洲凤仙株、天鹅绒彩叶草株高20~30cm，每平方米64株，代表平原。

昌平赛场公园——"呵护地球"景观造型实景图

『游生态美景、享鲜果盛宴』主题花坛 Case 2

　　昌平区位于北京西北部，属暖温带，日光充裕，其得天独厚的区域优势和气候优势，利于农业的生产种植。"昌平线"地铁加强了昌平区与中心城区的联系，带动沿线区域的繁荣发展，开启了昌平老城区的"轨道交通元年"。两个主元素的巧妙结合，使花坛造型生动、寓意深刻。

设计思路

　　该组合景观位于昌平永安公园西南角，由地铁、草莓、苹果和地摆花坛组成了一道靓丽的风景线。昌平区优越的地理环境为园艺产业提供了肥沃的土壤，经过多年的资源整合和产业发展，已经形成了"一花三果"为主导的都市型现代农业集群。昌平自古以来就有苹果"福地"的美誉，昌平苹果先后斩获过"奥运推荐果品""中华名果"等多项荣誉。昌平草莓作为本地特产享誉中外，2010年已经获得农产品地理标志登记保护。本组造型中草莓和一青一红两个苹果，作为"一花三果"的代表，就展示了昌平农业独特的魅力和广阔的发展前景。

　　昌平区是北京市唯一一个人口倒挂的区，交通压力巨大。2011年地铁昌平线一期开通运营，标志着昌平城区进入了有地铁的时代。地铁昌平线大大加强了昌平区与中心城区的联系，在方便市民出行需

求的同时，也为农产品走出昌平、迈向更加广阔的市场提供了便利的交通条件。

水果和地铁下面的花带呈自然流线型，繁花似锦，绚丽烂漫，象征着昌平区旖旎迷人的自然风光。

本组造型生动、寓意深刻，构思巧妙，展示了昌平的特色农业和轨道交通建设的巨大成就，喜迎八方游客乘坐地铁昌平线来昌平区体验生态之美，品尝美味水果，具有很强的视觉感染力。

采用花材、用量、设计技巧

地铁 地铁是四面观立体造型，长50m、宽3m、高7m，整体为钢筋骨架结构。车窗、车门、车厢由硬质亚克力材料制作而成，上面安装夜景灯光照明系统。由于卡圈焊制过种中会出现凹凸不平，易造成插花后的线条呈狗牙状，地铁车身造型首次尝试使用11cm×11cm的拼插式塑料卡盆，以确保车厢、车体、车头部位的线条整齐、流畅。只需按照设计花色位置来插花，将卡托拼插形成完整的平面，就能保证插出来的花表面平整、线条整齐流畅。这种方法操作简单快捷，景观效果突出，非常适合工程量大、工期短的项目。

"游生态美景、享鲜果盛宴"组合景观设计图

永安公园——"游生态美景、享鲜果盛宴"组合景观实景图

事实证明，这是一次成功的新材料应用案例。城铁车身花枝选用金叶佛甲草和花量大、冠幅覆盖度高（15~20cm）的矮生红叶红海棠品种，根据图纸的线条纹理安装卡盆，并在每一个卡盆上插入滴箭，以保证花材对水分的需求。

青苹果 青苹果代表王林苹果，红苹果代表红富士苹果，分别由金叶佛甲草和红叶红花四季海棠插制而成。苹果造型高4m、直径4.5m，每平方米用花81株，两个苹果均使用卡盆4800盆。草莓造型高4.5m、直径3.5m，插制红叶红花四季海棠作草莓的底色，插制金叶佛甲草作草莓的种子，每平方米用花81株，使用卡盆约4100盆。插制立体苹果和草莓时，先将主水管沿着骨架内侧按照70cm的间隔螺旋状

盘旋至顶部，并将16头滴箭束按照覆盖的面积排列分布。苹果和草莓造型中2/3的卡盆花均插制了滴箭，由于上方卡盆流下来的水即能满足下方卡盆花的用水需求，下部几圈卡盆花可以间隔插滴箭，在满足卡盆花用水需求的同时也可实现节约用水。

地摆花卉 地摆花卉为10800盆醉蝶花（粉色、紫色）、16640盆各色凤仙（占地260m²）、6000盆蓝花鼠尾草、8000盆绿叶玫红色四季海棠和8000盆绿叶粉色四季海棠卡盆构成的彩色花带。

该组合景观插制和养护的关键如下。

一是花材的选择。城铁车身选择初花期、高度一致、花冠幅为15~20cm的卡盆花，以确

保花期长、颜色鲜亮、整齐度好。

二是保证用水量。城铁、苹果、草莓造型使用的海绵卡盆花，极易失水、萎蔫，在阳光暴晒下叶片会发黑发卷，严重影响造型的视觉效果。因此，要确保造型上半部每一个卡盆均插有滴箭，整体骨架间隔2m安装一组微喷头。根据天气情况，及时调整叶面喷雾的时间及频次，保持叶面湿度，减少蒸腾。每组滴箭至少浇水30分钟，几组滴箭都浇过一遍后，再从第一次的主管浇一遍水，才能保证卡盆花的用水量。

"祥云花柱"设计图

用色彩鲜艳的花草来表现厚实的民族文化艺术，形体简洁、一目了然，保持了率真、质朴的制作痕迹，显露出天然的趣味。

设计思路

龙是中华民族的象征和图腾，在中国文化中的地位举足轻重。作为主景，花柱上用五色草插制中国人喜闻乐见的"双龙戏珠"图案，吉祥喜庆、生动活泼，非常契合国庆的欢乐气氛。

底部花坛由低矮、色彩鲜明花卉组成祥云图案。祥云纹寓意祥瑞、造型独特、婉转优美，再加上红色、金黄等中国喜庆颜色的运用，使得花坛具有浓厚的中国传统文化韵味。花坛表面平整，呈缓曲面，宛如一块华丽的地毯。

昌平亢山公园——"祥云花柱"花坛实景摄影

龙盘旋于花柱上，祥云浮于花坛内，"龙"和"祥云"的元素相映成趣，有龙腾云起的既视感。整体造型主题鲜明、简洁明快、热烈喜庆，表达了对祖国繁荣富强、欣欣向荣的美好祝福。

采用花材、用量、设计技巧

造型位于亢山公园下沉广场，由花柱和底部花坛两部分组成，运用了中国龙、祥云纹等中国文化传统元素。花柱高8m，直径2m，圆柱形。先在整根花柱的中心位置找到中点，摆放4盆金叶佛甲草做龙珠。从龙珠的两侧分开按照画好的图样，用四季海棠插制"双龙戏珠"图案。其中由红叶红花四季海棠作底色、由绿叶白花四季海棠插制龙和珠子的图案，每平方米用花量为81盆，整根花柱约使用5200盆卡盆花。

底部花坛为圆台形，下底面直径18m，上底面直径12m，高3m。为了打造更好的视觉效果，将圆台的上平面和地壂之间的夹角做成30°，制作出斜坡效果。先用加气砖将地面垫高，做成环状坡度。加气砖找平后铺一层大芯板作底部支撑。为防止溜坡，再将3cm×4cm的托拍连成整体放置在上面。花柱每平方米用花量为81盆，共使用金叶佛甲草和红叶红花海棠等卡盆花16800盆。

花坛摆花时，挑选冠径一致、开花整齐的金叶佛甲草，按照祥云图样填入相应位置，构成祥云图案底托。内部祥云花样用色泽亮丽的红叶红花四季海棠插成，云尾细尖用海绵缠绕火烧丝，根据圈口大小制作而成。花柱2m以上的每一个卡盆上均要插滴箭，柱顶平面的卡盆安插滴箭的同时，再安放2个微喷头，保证顶部花材对水分的抗蒸腾需要。

2012

花坛案例

2012年，为以良好的精神风貌迎接"十八大"的召开，深入实施"人文北京、科技北京、绿色北京"战略，昌平城区突出"庆国庆、赞和谐、喜迎十八大"主题，在永安公园设置"彩蝶戏水"主题花坛，在昌平公园设置"孔雀开屏"主题花坛，在区政府门口设置"花开盛世"主题花坛，在龙山广场设置"趣味热带鱼"主题花坛。以象征幸福、欣欣向荣的蝴蝶、孔雀、牡丹为主题，表达的是人民生活幸福、人与自然和谐共生的理念。

『彩蝶戏水』
主题花坛

Case 1

花坛以"彩蝶戏水"为主题，展现了蝴蝶在椰林中飞舞，地面花草斑斓，溪水、假石点缀其中的画面。花坛的生动与周边环境的协调、融合、相得益彰。

设计思路

花坛以"蝶恋花"构图，设置一组镂空结构的蝴蝶花屏，与地摆花卉中的彩蝶模型一虚一实，辅以镂空椰树、花山，构图高低错落、实虚结合，使整组花坛灵动浪漫、温婉雅致。地面辅以各色花卉植被，再用溪水、假石、围栏加以点缀，打造出一个平衡、健康的小型生态系统，营造出欢乐、喜庆、祥和的节日气氛。

采用花材、用量、设计技巧

花坛由蝴蝶、椰树和地摆花卉三部分构成。

镂空花屏 蝴蝶和椰树镂空花屏高4m，分别宽6m和5m，选用红叶红花、绿叶粉花四季海棠作主材，金叶佛甲草镶边，两组花屏双面观的制作共用卡盆花6000盆。

彩蝶的镂空透视结构由不锈钢板裁刻成形，高3m，组合排列卡圈。花屏用金叶佛甲草按照设计图插制出树体轮廓。

叠水池 按照设计图纸用钢板焊制、围弯造型，底部焊接点缝隙用玻璃胶打磨封闭严密，封闭好后做24小时闭水实验。干透的钢板表面刷2遍底漆，再根据设计图中相应部位的颜色刷金属表面漆。制作好的成品在花坛摆放时运输至摆放地点放置好再放水即可。

地摆花山 长15m、宽8m，高约80cm。由三角梅、蓝花鼠尾草、四季海棠、非洲凤仙、矮牵牛、龟背竹、金叶假连翘等不同颜色的花材约8000盆构成。堆叠地摆花山，须先用袋装草炭土堆出设计的地形及高度，踩实踏平，再把两组花屏骨架的底托埋入土中，将3cm×4cm花托拍相互连接成整体后覆盖在表面，最后摆放各种花材。底托用万寿菊、大花海棠、三角梅、金叶假连翘、春雨、针葵、鸭掌木等60cm高的花材遮挡，提升整组花坛的植物多样性，增强观赏效果。

新方法、新形式

　　花坛组位于昌平区主干道西环路和永安公园入口交界处，视野开阔，人流量大，这就需要在设计造型时考虑花坛的双面观赏效果，对造型构造、色彩、花材仔细研究斟酌，来满足不同方向游人观赏的需求，视觉效果较好。

昌平永安公园——"彩蝶戏水"立体花坛实景摄影

『孔雀开屏』主题花坛

Case 2

花坛以"孔雀开屏"为主题，所展示的孔雀羽翼饱满，被色彩艳丽的花卉烘托着，远望大气，近观精致，在繁华的都市中，绽放着别样魅力。

设计思路

孔雀体形优雅，色彩绚丽，代表着吉祥如意。昌平区地处燕山脚下，长城环抱，上风上水，生态良好，历史悠久，人文荟萃宝地，搭配"孔雀"这一吉祥鸟，可谓实至名归。

花坛中，"孔雀"舒展着它美丽而饱满的羽翼，昂首站立，造型优美，给人以美的享受。红、黄两色地摆色带交替呈顺时针方向旋转铺陈展开，色彩亮丽，生机勃勃，与其衬托着"孔雀开屏"的造型完美结合，为方便游客夜间欣赏，特设有灯光效果。

花坛充分展示了人民对富裕、吉祥、平安、如意的幸福生活向往和追求。

采用花材、用量、设计技巧

以"孔雀开屏"立体花坛为主体，搭配地摆花卉组成。

孔雀造型高4m、宽4m，厚60cm，为双面观造型。选用五色草（小叶绿草、大叶红草）以小撮精插方式制作而成，每平方米用草1000株，双面用草约25000株。

地摆花坛以"孔雀"为中心圆点，直径15m，用一串红、孔雀草金黄色两种花材呈扇叶状顺时针旋转铺陈，镶边植物为粉色和白色非洲凤仙，由三角梅、金叶假连翘、四季海棠（玫红色）、孔雀草（金黄色）、非洲凤仙等6种约8000盆组成。

色草造型。骨架加工时，单独制作两组规格一样的模型，安装时背靠背固定在一起。五色草插制工序须在遮阴的环境下进行，搭好遮阳网，在孔雀骨架上按照设计图造型放线，然后以五色草小撮精插，每平方米用草1000株。

新方法、新形式

"孔雀开屏"为正反面完全相同的双面观五

昌平公园——"孔雀开屏"立体花坛实景

『花开盛世』
主题花坛

Case 3

"花开盛世"主题花坛寓意盛世中华，画轴与牡丹元素尽显中国风韵，整个花坛错落有致，牡丹花浮现在画轴中，惟妙惟肖，地摆花卉色彩艳丽，整体呈现出绚丽多彩的繁荣景象。

设计思路

"花开盛世"立体花坛由画轴和地摆花卉组成。把"牡丹"和"卷轴"这两种中国特色元素有机结合起来，达到了形式和艺术的统一，寓意祖国繁荣昌盛、人民安居乐业的美好生活。"卷轴"造型像一本尘封的书籍，收藏了吉祥与好运，底部环绕着以中国传统喜庆颜色红色和黄色为主的地摆花卉，彰显出富贵、祥和、喜气的节日氛围。

采用花材、用量、设计技巧

画轴长8m，高度4m，宽0.6m，用绿叶白花海棠做底色，每平方米81盆；牡丹叶片、叶脉和主枝分别由小叶绿草、大叶红草小撮密插而成，每平方米1000株；牡丹花用红叶红花海棠的穴盘苗插制。按照设计图放线，按照从左

到右、从上到下的顺序依次缀花，每平方米使用穴盘苗400株左右。亚克力硬质材料做成的"花开盛世"字样及蝴蝶造型点名主题。底部地摆花坛长10m、宽4m，由鼠尾草、醉蝶花、万寿菊、银叶菊、非洲凤仙（玫红色、蓝珍珠色）、垂盆草等近15000盆花材组成的绚丽花带，将画卷烘托得更加喜庆、祥和。

新材料 新技术

造型的图案是牡丹花，花朵大，花瓣层次丰富，常用的11cm×11cm的卡盆花则间距太大，牡丹花瓣的纹路展现不出来，因此首次采用开花穴盘苗进行缀花。开花穴盘苗是盆栽花卉的一种，是指在花材幼苗期，将幼苗株间距拉大，拓展幼苗根系及地上部分的生长空间，适当控水，见干见湿，控花期施用14-14-14的水溶肥，薄肥勤施。全光照养护，促进幼苗从营养生长向生殖生长转变，经过35~40天的控制生长，海棠苗会逐渐分化出花芽，形成幼苗开花。

阳光直射造成的高温蒸腾，极易造成幼苗

失水萎蔫，影响成活，因此花材插制完成后，需覆盖遮阳网遮阴处理。经过1周左右的遮阴保护，小苗的根系逐渐恢复活力，花量越来越大，花面平整，再行撤下遮阳网，进行全光养护。

"花开盛世"立体花坛实景图

2013

花坛案例

2013年是全面贯彻落实"十八大"精神的第一年。为了做好开局工作，向社会各界展示昌平区农业的发展特色和优势，向繁荣发展的祖国献礼，2013年国庆期间，在昌平城区重点公园、重要绿地节点进行花卉布置，主要有永安公园"硕果累累"主题花坛，昌平公园东门"丰收"主题花坛，赛场公园"祝福祖国"大型立体花坛造型等。

金秋十月、喜迎国庆，收获着硕果、收获着喜悦，花坛用充满祥和、富足的画面展示昌平农业发展特色与优势，展示昌平人民爱祖国、爱家乡的情感！

构思新颖、造型生动，用密插五色草来丰满草莓、柿子、苹果的造型，整体画面充满童趣，展示了金秋的"硕果累累"，又拓展了孩子们的想象空间。

设计思路

昌平北部山区山前热量堆积，形成了一条东西绵延52km的"百里山前暖带"，地理位置优越，土地肥沃，非常适合发展农业。以"一花三果"为主导的农业获得了稳步发展，苹果、草莓、柿子作为农业特色经济果品，为农民增收致富发挥了重要作用。为宣传我区农业特色优势产业，营造花香、果甜、景美的和谐环境，在永安公园设计制作了"硕果累累"具有农业特色的花坛造景。增加了节日欢乐、祥和、美好的氛围。

『硕果累累』主题花坛 Case 1

"硕果累累"主题花坛设计图

采用花材、用量、设计技巧

花坛由"三果"（草莓、柿子、苹果）造型、花拱及地摆花坛组成。

"三果" 草莓、柿子、苹果均为钢骨架结构，高2m、宽1m，做成卡通造型。果实的眼睛、鼻子、嘴用不锈钢板材雕刻并绘制，其他部位用小叶红草与小叶绿草小撮密插，每平方米1000株。

花拱 高约4m、跨度8m，做成三色彩虹型，选用金叶佛甲草、绿叶粉花四季海棠、绿叶玫红花四季海棠填充，用花量约3000盆。

地摆花坛 长约15m、宽约10m，近椭圆形。由鼠尾草、非洲凤仙、花叶连翘、万寿菊、孔雀草、金黄色彩叶草等共计8000盆花组成花带，烘托主体造型。

昌平永安公园——"硕果累累"立体花坛实景

花坛「丰收」主题 Case 2

整体围绕"丰收"主题，弘扬悠久厚重的农耕文化，展示改革开放35年农村的巨变、农业的成就、农民的创造力。

设计思路

民以食为天，食以粮为本。中国自古就是一个农业大国，加上人口众多，粮食在国民心目中的地位一直举足轻重。丰收造型主要体现的主题是改革开放35年来我国农业发展取得的飞速变化，粮食作物大丰收的景象。粮仓、花树、辣椒、南瓜、玉米等作物显示今年又是一个丰收年！整座立体花坛造型生动形象，色彩丰富有序，搭配精巧，寓意吉祥喜庆，深刻地表现了老百姓期望年年风调雨顺、五谷丰登、国泰民安的美好愿景。

采用花材、用量、设计技巧

丰收造型由2座粮仓、2组花树、水池及地摆花坛组合而成。

粮仓 粮仓近圆柱体，仓盖用小叶红草扦插制作，仓身用小叶绿草扦插制作，每平方米800株；大粮仓高5m，直径3.5m，小粮仓高4m，直径3m。仓盖周围悬挂一圈仿生玉米、辣椒，使粮仓形象更加生动接地气，也再次点明了"丰收"的主题。

花树 主干为钢骨架包裹树脂纤维材料制作而成，树高5m，分枝5~7层，每层分枝末端制成摆花用花盘，以非洲凤仙、四季海棠、长春花、矮牵牛等分层摆放，每一层用花150~200盆。

水池 面积约80m²，护坡上摆放仿生玉

昌平公园东门——"丰收"立体花坛实景图

米、南瓜、苹果、西瓜等粮食果蔬，再以特制草皮卷铺设装饰。特制草皮卷有不分散、抓地牢、不易滑落的特点，能很好实现景观效果。其制作过程是：根据草皮用量平整一片土地，平铺一层纱网，在纱网上铺5cm厚草炭土并踩实；将外购普通草坪卷底土磕掉露出草根，均匀铺在草炭土上，铺好后浇透水（每天上午、下午各浇一遍水），间隔10天喷一次麻渣水，养护1个月特制草坪卷即完成；铺设时，按需要的体量裁剪、搬运、铺装平整。此处特制草皮卷用量约200m²。水池护坡外侧用竹竿插一组篱笆小景墙，挂上辣椒、大蒜，生动再现了农家小院的同时也体现出农民收获的喜悦。池中放养小锦鲤。

地摆花坛　造型长20m、宽12m，长椭圆形。以长春花、美女樱、一串红、向日葵、非洲凤仙等沿水池外侧环形布置，形成色彩艳丽的花带，再点缀三角梅、金叶假连翘、龟背竹等观赏植物，组合成一幅谷物满仓、鱼儿满池、鲜花满园、生机勃勃的丰收景象！

中国传统元素与现代元素相结合，整体画面的对称设计，呈现出稳固、朴素之美；6根"倒L形"花柱，次第打开，展示了大开大合的设计格局。

设计思路

位于赛场公园西侧的以"福字"斗方为中心的花坛讴歌了伟大祖国近年来取得的光辉成就，表达了对祖国母亲的礼赞和对未来的美好祝愿。

『祝福祖国』主题花坛

Case 3

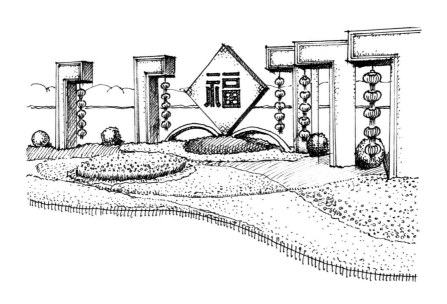

"祝福祖国"主题花坛实景图

花坛方案运用了福字斗方、花柱、花拱、花球、地摆花坛、灯笼等元素，整体布景呈左右对称结构。两侧各矗立规格相同的3根花柱，6根"倒L形"花柱形似"门"，次第打开，在视觉上层层递进，最终视觉聚焦在中间绿底红字的"福"字斗方上，突出深化了"祝福祖国"的主题。福字斗方用下面的花拱衬托，起到烘云托月的效果。地面上铺衬圆形的地摆花坛，颜色端庄淡雅，象征着团结统一，而圆形的运用又表达了团圆的寓意。

花坛规格庞大，造型沉稳庄严、喜庆欢快。

向祖国献礼，祝福日益强大的祖国未来更加灿烂美好。

采用花材、用量、设计技巧

花坛由6根花柱、6个花球、2个花拱、1个"福"字斗方花拍及地摆花坛组成。

花柱 花柱为"倒L形"，钢骨架结构，高5m、宽1.5m、厚0.8m，两柱为一组、共三组，花柱以红叶红花四季海棠、非洲凤仙（玫红色、蓝珍珠）填充，前后错落摆放，每柱用花2500盆、共计15000盆。花柱正面边缘镶

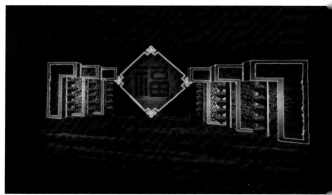

10cm宽黄色亚克力条形灯带，用于夜景照明。花柱横边上悬挂成串及地的大红灯笼，照明的同时也为整体造型增添了强烈的喜庆气氛。

花球　高1.5m、直径1.2m，摆放于花柱之间，以各色海棠卡盆花插制，每个花球用花约300盆、共计1800盆。

花拱　高1m、跨度2m，钢骨架结构，以绿叶粉花四季海棠插制，用花约800盆。

"福"字斗方花拍　为钢骨架结构，高5.5m、宽5.5m、厚0.6m，金叶佛甲草卡盆双面插制作为底色，每平方米卡盆81盆，用花约6000盆，滴箭微喷给水，"福"字为亚克力硬质材料制作，灯带镶边。

地摆花坛　长50m、宽15m。以"福"字底托为中心，选用天鹅绒红色彩叶草、金黄色彩叶草形成醒目的对比，衬托出"福"的中心主题，再以非洲凤仙（蓝珍珠、玫红色、粉色）、醉蝶花、鼠尾草，万寿菊、四季海棠（绿叶玫红色、绿叶粉色）等约40000盆应季花卉组成的地摆造型，舒展有序。

2014

花坛案例

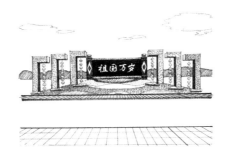

2014年是新中国成立65周年华诞，也是开启"一带一路"发展战略新篇章的开局之年，更是着力激发发展活力、全面深化改革的重要之年。亚太经济合作组织（APEC）领导人非正式会议在北京市怀柔区雁栖湖举行。为庆祝建国65周年和APEC会议的召开，展示昌平发展新风貌，昌平区在城区重点公园、重要街道开放空间、重点绿地节点等进行花卉布置工作。围绕国庆主题，烘托出主城区隆重、热烈、喜庆、祥和的节日气氛，营造良好的城市景观氛围。主要有赛场公园"祖国万岁"主题花坛，永安公园"五彩花拱"立体造型等。

值此新中国成立65周年华诞之际，中国经济飞速发展让全世界仰望，中国风元素也在世界流行开来。将这些理念蕴藏于花坛布置中来，提升了人们的民族自豪感。

"祖国万岁"设计图

昌平永安公园——"祖国万岁"实景

"祖国万岁"主题花坛将中国风设计元素充分融入花坛设计中，让中国传统艺术在花坛布置艺术中绽放。

设计思路

以"祖国万岁"画轴为中心的立体花坛，突出了向祖国65周年华诞献礼的主题。花坛设计运用了灯笼、花柱、画轴等传统中国元素，选用了中国红、金黄色等中国风喜庆颜色，使花坛的中国传统文化韵味十足。花坛中的三组倒"L"形花柱，代表昌平区在未来不断向世界开放的大门；大门中的"祖国万岁"造型，点明了对祖国繁荣昌盛美好未来的祝愿。

采用花材、用量、设计技巧

花坛由花柱、画轴和地摆花卉色带组成。

花柱 花柱为倒"L"形，钢骨架结构，高5m、宽1.5m、厚0.8m，两柱为一组、共三组，花柱以非洲凤仙（蓝珍珠、亮橙色、玫红色等颜色）艳丽、花冠大、花覆盖度高的卡盆花填充，前后错落摆放，每柱用花2500盆，共计15000盆。花柱正面边缘镶10cm宽黄色亚克力条形灯带，用于夜景照明。花柱横边上悬挂成串及地的大红灯笼，照明的同时也为整体造型增添了强烈的喜庆气氛。

画轴 画轴全高4m、宽16m，两侧轴芯由金叶佛甲草、双色海棠自上而下填充插制而成，用花量为2000盆；中心"祖国万岁"花拍长16m、高3m，金叶佛甲草卡盆做底色，"祖国万岁"用亚克力硬质材料雕刻，固定在框架上。

地摆花卉 色带长40m、宽15m，以非洲凤仙（蓝珍珠，玫红色、粉色）、醉蝶花、鼠尾草，万寿菊、四季海棠等约40000盆花时令花卉组成。

更换地摆"祖国万岁"实景

昌平永安公园——"祖国万岁"实景

彩虹，寓意着好运、吉祥。以花拱构成彩虹，显示了经历了风风雨雨的中国，如今生机勃勃、气贯长虹。

设计思路

"五彩花拱"由五个拱形花架排列组成，远远望去如同一道道美丽的彩虹；喜庆的大红灯笼依次串连各个花架形成一座绚丽的彩虹长廊；彩虹长廊层层深入，层层递进，象征人民群众的生活如彩虹般多姿多彩。

『五彩花拱』立体造型

Case 2

花材、用量、设计技巧

　　花坛由5个花拱、10个花箱组成，每个花拱之间以红色灯笼装饰。

　　花拱高7m、直径1m、跨度为12m，可供十余人并排穿行。花拱为钢骨架结构，滴灌给水。非洲凤仙（玫红色、蓝珍珠色、亮橙色）、四季海棠（绿叶玫红色花）、金叶佛甲草3个品种的卡盆花均匀填充插制，形成色彩艳丽的花拱。单个花拱卡盆用花量约为4000盆，共计使用卡盆花20000盆。

　　花箱位于花拱底部，长3m、宽1.5m、高1m，用木条钉装而成，共10个。花箱底层铺垫陶粒、草炭土，栽植蓝珍珠凤仙、羽状鸡冠花、长春花、彩叶草，花卉用量约4000盆。

新品种、新技术

　　"五彩花拱"道道相连，仿佛让人穿越了时空。在设计之初，每个花拱均为独立结构，彼此之间没有连接，但在施工完成后，发现花拱有轻微晃动。鉴于此处位于西北方向的风口处，花拱展摆周期较长，为增强花拱的御风能力，最终用管架将5个花拱连接为一体；为了进一步提升"五彩花拱"的观感效果，又用红绸包裹管架并在管架上悬挂红灯笼，既遮盖了管架的本底黑色，又增加了大红亮色，实现了本处摆花的夜景照明，一举多得，使整组造型展现出了层次丰富、色彩艳丽、红红火火的喜庆氛围。

昌平永安公园东门——"五彩花拱"实景

少年儿童是国家的未来，在中华人民共和国成立65周年之际，建设以童趣为主题的花坛，表达了对儿童的亲切呵护和关爱。

设计思路

"趣味热带鱼"是一组展现"童趣"水族馆效应的花坛，生动而富有吸引力：活泼可爱的热带鱼游弋在花海之间、鲜嫩的水草飘逸自然，

"趣味热带鱼"设计图

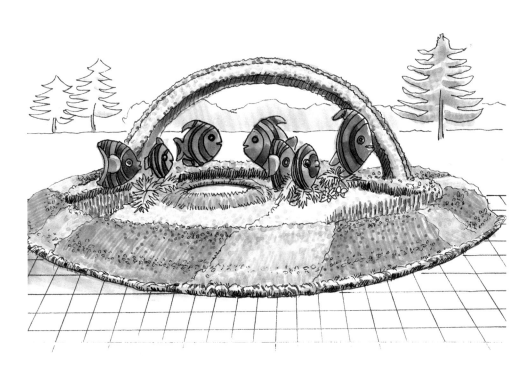

彩虹拱柱吸引小朋友的目光，打造一组属于孩童们的欢乐天地。

采用花材、用量、设计技巧

花坛由拱形花架、热带鱼及地摆花卉（水池）组成。

拱形花架高5m、直径0.7m、跨度12m，由红叶红花四季海棠和绿叶白花四季海棠呈彩虹状插制而成，用花约2500盆。

热带鱼造型共6个，长度0.8~1.5m，形态各异。由小叶绿草、大叶红草和金叶佛甲草、白草采用单株密插而成，每平方米用草量为1200株。

地摆花坛直径12m，由四季海棠（红叶红花、绿叶粉花）组成立体斜面的圆盘，金叶佛甲草、勋章菊、鼠尾草、矮牵牛、垂盆草、龟背竹等约7000盆花材组成。花坛中心设置直径3m的水池，先用袋装草炭土叠坝，袋与袋之间踩平压实，用特制草皮卷做装饰。

2015

花坛案例

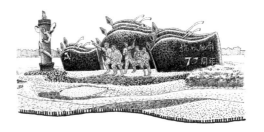

　　2015年是新中国成立66周年、中国人民抗日战争暨世界反法西斯战争胜利70周年，这一年又喜迎北京—张家口2022年冬奥会申办成功、北京市昌平区获"双拥模范城"8连冠，诸多纪念日和喜事接踵而至。为营造喜庆、祥和的节日氛围，烘托庄重、热烈的气氛，满足广大群众观花赏景的需求，北京市昌平区园林绿化局于2015年8月下旬至11月上旬，在昌平区主要道路节点、公园广场等地布置摆花工作。立体花坛主要有：赛场公园设立的"纪念抗战胜利70周年"大型主题花坛，昌平公园东门摆放的迎合申奥成功主题的"冬奥梦"立体花坛，在永安公园东南角摆放的"魅力昌平"主题花坛，在亢山广场烘托节日气氛摆放的"乡村风情"主题花坛等。

2012年11月29日中共中央总书记习近平第一次阐释了"中国梦"的概念。他说："大家都在讨论中国梦。我认为，实现中华民族伟大复兴，就是中华民族近代以来最伟大的梦想。""中国梦"的主要动力有三大来源：第一、追求经济腾飞，生活改善，物质进步，环境提升；第二、追求公平正义，民主法制，公民成长，文化繁荣，教育进步，科技创新；第三、追求富国强兵，民族尊严，主权完整，国家统一，世界和平。

中国有远见、有胆识、有智慧、有爱国情操的公民、团体及领导人，及时准确地找到整合协调这三大动力源的共同支点，形成发展进步的兼容合力，早日造就众志成城的"中国梦"。坚持走中国特色社会主义道路，就是我们的复兴之路、追梦之旅。我们要朝着"中国梦"曙光初绽的方向奋勇前进，开创祖国更为光明的复兴前景。在2015年国庆来临之际，为烘托节日热烈、喜庆、祥和的节日氛围，在南口公园布置"中国梦""和谐家园、美丽南口"两组造型。值此抗战胜利70周年之际，"纪念抗战胜利70周年"主题花坛与"冬奥梦"主题花坛遥相呼应，一个回顾历史，一个展望未来，历史不会被遗忘，激励我们奋发图强。

为了弘扬爱国主义和民族精神，纪念中国人民抗日战争胜利70周年，我们设计摆放"纪念抗战胜利70周年"主题花坛，缅怀先烈，珍惜和平。

设计思路

昌平赛场公园位于京藏高速公路南环出口处，是进入昌平城区的重要节点。在此处设置"纪念抗战胜利70周年"主题花坛，红色为主基调，摆放以时令花卉装饰的华表、党旗、冲锋的战士造型。

华表，是中华民族的象征，更是中华民族强大兴盛的见证；鲜红的中国共产党党旗，以其丰盈的造型，展示了中国共产党在抗日战争乃至第二次世界大战中所起的中流砥柱作用，

『纪念抗战胜利70周年』主题花坛

Case 1

"纪念抗战胜利70周年"设计图

造型波澜壮阔，气势如虹；英勇冲锋的解放军战士造型，反映了抗日战争时期在中国共产党的坚强领导下，中国人民英勇赴国难的大无畏革命英雄气概。

花坛整体造型表达了全国人民对中国共产党的热爱和追随，深刻展示了抗日战争胜利的伟大历史意义，昭示大家要铭记历史、珍爱和平、共同开创美好未来，慷慨激昂，让观者为之动容。

采用花材、用量、设计技巧

花坛造型由华表柱、党旗背景墙、冲锋战士造型和地摆花卉四部分组成。

华表柱　华表柱高7.5m，直径1.5~2m，柱面为龙盘柱图案，柱顶为承露盘，上有神兽朝天吼。柱身以单株密插的大叶红草铺底，金叶佛甲草做盘龙造型。柱身面积约50m²，大叶红草和金叶佛甲草用量为60000株。

党旗　党旗背景墙长16m，高5~6m，由三层钢骨架焊接成型，以红叶红海棠铺作底色，用量为12000盆。"抗战胜利70周年"字体由亚克力硬质材料做成，固定在框架上。

冲锋战士　冲锋战士造型5人，长5m、高3.5m，以大叶红草铺底，金叶佛甲草勾画冲锋战士造型线条，清晰明了。造型表面积约15m²，大叶红草和金叶佛甲草用量为12000株。

五色草造型制作完成后，需精细修剪，华表柱上的盘龙和冲锋战士的轮廓则更要细致。要用长尖头的手工剪插入盘龙的纹路基部，斜向45°剪掉草尖，修剪朝向一个方位形成立体斜面，突出整体轮廓。修剪完成后，喷施800倍多菌灵杀菌剂一次，对五色草修剪的切口及其他受伤的枝叶进行防病保护。

地摆花卉　地摆花卉为不规则曲线图形，采用颜色艳丽的四季海棠（绿叶玫红色）、非洲凤仙（蓝珍珠色、亮橙色、）蓝花鼠尾草、万寿菊（金黄色）、醉蝶花、波斯菊等10余种花材搭配组合成大色片，景观效果突出。地摆花卉施工时，先定点测量放线，再根据放线完的曲型面积实施摆花工作。此组花坛长45m、宽12m，占地面积约600m²。花卉用量40000盆。

昌平赛场公园"纪念抗战胜利70周年"实景

「冬奥梦」立体花坛

Case 2

"冬奥梦"设计图

2022年冬奥会是中国历史上第一次举办冬季奥运会，北京冬奥会的成功申办展示了我国发展的综合实力，彰显了我国的政治稳定，经济繁荣，文化繁荣。

设计思路

以冬奥会会徽为基本元素，在简约大方的长方形绿色背景墙上镶嵌醒目的"祝贺2022年冬奥会申报成功"和"BEIJING Candidate City"黄色字体，以紫色扦插植株拼出"冬""2022""五环"立体图形，点明主题的同时，体现了昌平人民对2022年冬奥会的殷切期盼。花坛主景区为白色花卉铺成滑雪道和绿色植物组成的滑雪运动员和滑冰运动员，以冬季奥运会经典运动项目的生动形象与背景墙上

的冬奥会会徽等元素相互呼应，相得益彰。色彩艳丽的地摆花卉，则把整个立体花坛烘托得极为喜庆、热烈，向世界展示开放、包容、合作、共赢的国家和民族形象，展示了昌平、北京乃至全国人民对2022年冬奥会圆满成功的美好愿景。

采用花材、用量、设计技巧

花坛造型由五色草绿雕花拍、运动员造型、雪山及地摆花卉组成。

五色草绿雕花拍　长8m、高4m，以多株稀插的小叶绿草铺底（这种方法适用于大面积的平面底色。对线条和图案要求不高的造型，对手法要求不高，只需要控制好株间距无大的偏差即可，适合新入职工人操作）。

昌平公园东门——"冬奥梦"实景图

运动员 造型以小叶绿草和金叶佛甲草组合插成，一个是从高山飞速冲下的滑雪选手，一个是在光滑的冰面上奋勇争先的飞人。先用钢骨架做成模型，边缘用铁板封死，人物模型高约1.8m，贴合人体视觉，厚约20cm，既不显单薄又不失灵动，模型边缘用金叶佛甲草插成，人物的身体以小叶绿草精细插制，造型张弛有度、形象逼真。

雪山 施工时，先用袋装的草炭土堆叠出高山的地形，表面踩实踏平后用花托拍铺满整座雪山，各个托拍相互捆绑牢固。选用绿叶白花的四季海棠做雪山。四季海棠花量大、花期长、花密度大，可以覆盖整组山体。

地摆花卉 色带长15m、宽8m，以大花海棠、国庆花园小菊、四季海棠、非洲凤仙（蓝珍珠色）、金叶假连翘、蓝花鼠尾草、万寿菊、三角梅、南天竹等花材做配景，每平方米用花40盆，共计约5000盆。

新技术、新方法

　　2015年之前节日摆花使用的花园小菊均是从第三方购买的成品花材，自2015年起，改为购买种苗自行培育花材。5月28日首批种苗到达基地后，由专人对其进行基质配比、上盆、灌溉、施肥、打药、拉档等一系列培育工作，并将工作细节记录在册。50天后，种苗培育器皿由15cm营养钵最终换成直径50cm的加仑盆，花材单株冠幅达到70cm。花园小菊培育取得的成功，降低了对成品花材的依赖，大大降低了生产成本。

『中国梦』主题花坛

Case 3

设计思路

梦想是激励人们发奋前行的精神动力。当一种梦想能够将整个民族的期盼与追求都凝聚起来的时候，这种梦想就有了共同愿景的深刻内涵，就有了动员全民族为之坚毅持守、慷慨趋赴的强大感召力。

白鸽又叫和平鸽，向征着和平。本图有五只白鸽，其中一只立在用鲜花组成的彩球上，另外四只通过鲜花搭成的彩桥飞向蓝天。整体构图寓意中国正通过"一带一路"加强同世界各国的联系，带动世界各民族人民共同发展，共同富裕。中国是世界大家庭的一员，我们国家需要稳定发展，世界需要

"中国梦"设计效果图

和平。"中国梦"三个大字号召全体中华儿女为实现伟大梦想奋勇前进。

造型以彩虹型花拱、花球、白色和平鸽及地摆花坛组成，烘托出国庆喜庆、祥和、欢乐节日氛围。

花材、花量、设计技巧

彩虹型花拱 钢骨架焊制，拱高3m，跨度6m，以红叶红花海棠卡盆花插制。在钢骨架加工制作时，将标准卡圈排列焊接在主体框架上，每平方米用花量为81盆。卡盆花选择冠径为15~20cm的丰满、花量大、花期长、颜色鲜艳的红叶红花四季海棠。插卡盆花时，插花与插滴箭同时操作，将滴箭头斜向插入卡盆上部，顶部均匀布置4个微喷头，以保证花材需水要求。

和平鸽 四只白色和平鸽镶嵌在花拱上，振翅高飞，象征着和平与希望。

"中国梦"字雕 "中国梦"三字钢骨架加工，渗灌系统，包土覆网，小叶绿草三撮插制，每平方米600株，"梦"下部用祥云托起，形象飘逸。

花球 高1.2m，钢骨架卡圈制作。900盆玫红凤仙、白凤仙插制祥云图案衬托中国梦。

地摆花坛 长15m、宽8m。一串红遮盖底托钢骨架底盘。椭圆形花心，外围紫色鼠尾草、亮橙色百日草、紫罗兰凤仙做花带，每平方米64盆。黄色亚克力材质浪花造型突出。整体造型简洁明快，用花8000盆。

新材料、新技术、新方法

大型立体花坛南口公园在节假日第一次摆放。卡盆插花、滴箭微喷灌溉系统、五色草插字都是第一次应用。花坛造型精致，色彩丰富，点明主题，深受市民喜爱。

昌平南口公园——"中国梦"花坛实景图

「和谐家园，
美丽南口」
主题花坛

Case 4

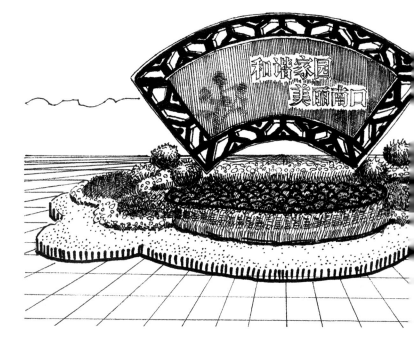

设计思路

　　"扇"和"善"谐音，代表和谐友善，诠释了中华民族善良谦逊的优良品质。扇子辐射开去的形状寓意着发扬，把每个人的长处最大限度地发掘，把中国文化和民族精神最大限度地传承下去。扇子蕴藏着丰富的文化内涵。扇子是友谊的纽带，展开过程象征着一个人海纳百川的胸怀。扇子合拢的过程正如一个群体包容共济的合作精神。家庭和谐，一个地区要和谐，社会要和谐。小和谐构成大和谐，大和谐促进小和谐，和谐是人与社会共同发展的目标。

"和谐家园"灯光效果图

采用花材、用量、设计技巧

花坛位于南口公园南门，由扇面形状五色草、亚克力硬质字体及地摆花坛组成，四面观形式。扇面为长8m、高3m、厚50cm的钢骨架结构。小叶绿草插制扇面中心部位、大叶红草扦插扇面的边缘几何图形。三撮插制，每平方米用量800株。扦插完成后进行整体修剪找平并喷打800倍多菌灵杀菌剂防护。亮橙色"和谐家园美丽南口"硬质亚克力制作，增添景观色彩又点明主题。灯带缠绕扇面及几何形边缘，为夜景照明增加靓丽色彩。

地摆花坛花瓣形，由非洲茉莉、花园小菊、鼠尾草、天鹅绒彩叶草、亮橙色孔雀草、粉色凤仙、大花百日草组成。4盆非洲茉莉高60cm，分布四个方向，遮挡底托。橙红色北京小菊做中心主色，每平方米9株。亮橙色孔雀草做花瓣分层；鼠尾草、大花百日草做花芯；外围粉色凤仙做1m宽花带镶边装饰，用花12000盆。整体造型层次分明，颜色鲜艳，烘托出喜庆、祥和的节日氛围！

施工实景图

昌平南口公园——
"和谐家园"实景

131

2016

花坛案例

2016年是积极响应国家政策号召、不断提升城市规划建设管理水平、推进大众创业万众创新、大力发展全域旅游的一年，也是昌平区成为首批创建"国家全域旅游示范区"262个创建单位之一、积极打造全域旅游"昌平模式"、提升文化魅力的一年。为进一步宣传昌平的大美景观和旅游特色，昌平区园林绿化局于2016年5月及8~10月在城区主干道、重要公园广场、重点绿地处摆花，扮靓昌平的同时，营造了祥和、喜庆的节日气氛，让广大市民感受到喜庆热烈的氛围，让外来游客近距离感受昌平文化魅力、了解昌平、爱上昌平。

摆花主要内容分以下四个部分：在赛场公园布置"全域景观，大美昌平"大型立体花坛；在永安公园东南角摆放突出昌平特产和农业趣味的"美丽家园"自然造型花坛；在亢山广场北侧设立向祖国献礼的"大花篮"大型花坛、"彩虹门"花拱，以及充满童趣的"太阳花"立体造型花坛；在其他街道、路段摆放了"吉祥之花"等花卉小品。

花坛以展现昌平美丽景色、乡土人情、幸福生活为主题，展现了昌平区的美丽景色和风土人情。

"全域景观，大美昌平"效果图

为展现昌平的地域特色，将昌平区最有特色的景点、农业产业浓缩于花坛之中，形成一张浓缩的花坛名片。

设计思路

依托昌平丰富的旅游资源，借助"冬奥会""世园会"筹办的东风，将秀丽的自然风光、雄伟的居庸关长城和昌平特产代表"一花三果"（百合花、苹果、柿子、草莓）等元素融入主题，辅以双人骑乘自行车由远而近驶来造型，表现人在画中游的意境，倡导绿色出行的低碳生活理念，意在推动旅游与生态休闲等产业深度融合、构建昌平旅游景观全覆盖，为市民的绿色出行提供优质的旅游环境。立体花坛构思巧妙、造型生动、意境悠远。

主要花材、用量、设计技巧

"全域景观，大美昌平"主题花坛包括居庸关长城、"一花三果"、双人骑乘自行车造型和地摆花坛四部分。

居庸关长城造型 总长30m，由三组烽火台、三级城墙组成。烽火台高5m、宽2.5m；单级城墙长4m。

长城钢骨架焊接完成后，表面用1cm×1cm的钢丝网覆盖，填入基质充分压实，将主水管埋入基质内（水管连接处须固定好，避免加压通水冲散基质），再用遮阳网、无纺布覆盖表面保护基质不脱落，用打包机卡实。

扦插五色草时，首先将设计图案按比例放样到无纺布，对不同分区所用插草颜色进行标注；然后用扎孔棒将遮阳网和无纺布均匀打孔，把处理好的插草按照颜色插入相应的分区；最后用手将孔洞压实封好，使草根与基质充分接触，促其快速生根。

整体造型完成后浇透一遍水，必要时可用遮阳网保护。五色草生根后，须在表面喷施800~1000倍B9（植物生长调节剂）水溶液一次，以避免五色草生长过快致使造型线条不清晰。

"一花三果"造型 苹果主体由钢骨架、卡圈和主水管组成。在苹果造型骨架的外围焊接一层11cm×11cm的卡圈，约每平方米81个，骨架下方留一70cm高的开口，以便工人进入内部施工检修。主水管从底部螺旋状盘旋到苹果顶部，螺旋间隔60cm。花材选用花量大、花期长、不易萎蔫、耐短期缺水且浇水后恢复快的红叶红海棠，花材冠幅达到15cm时，用海绵将花材基部基质包裹紧实后植入直径11cm的卡盆，海绵在卡盘中要保持平整。换好卡盆后静置3天，以促进受伤的花叶恢复。卡盆需从上到下逐层插放，滴箭插入卡盆2/3处后再将卡盆插入卡圈中。苹果造型上部的每个卡盆配备一个滴箭，以保证水分足量供应；造型下部，可以间隔一至二层不插滴箭（从上层滴流的水可以满足供应）。

草莓造型制作和施工工艺与苹果相似，主要区别在于草莓身上有凹凸不平的草莓籽。草莓籽是草莓造型的关键所在，制作中采用三株金叶佛甲草插成倒三角形，观感效果非常接近草莓的真果形态，生动逼真。

柿子和百合花由硬质材料制作，直接摆放到指定地点。

双人骑乘自行车造型 钢架结构焊接完成后，表面用1cm×1cm的钢丝网覆盖，填入基质充分压实，将主水管埋入基质内，再用遮阳网、无纺布覆盖表面保护基质不脱落，用打包机卡实，扦插五色草进行养护。最后到现场安装。

地摆花坛 长45m，宽15m，占地面积675m²。为方便游人与景观近距离接触，用白色的水磨石子，铺设一条1m宽的景观小径，周围搭配应季的四季海棠、非洲凤仙、孔雀草、大花百日草、国庆小菊、万寿菊、鼠尾草、

昌平赛场公园——"全域景观，大美昌平"实景摄影

垂盆草、彩叶草、醉蝶花等应季草花20余种近120000盆做成流线型花带，气势宏大，五彩缤纷，美不胜收。

夜景照明采用LED光源，配电220V转12V低压用电，确保游人安全。

新品种、新理念

居庸关长城、双人骑乘自行车和地摆花带的养护给水，主要使用渗灌方式，苹果和草莓则采用滴箭方式。这两种灌溉方式给水均匀、操作方便、节约人力，不影响花坛的观感效果，实现了按需、节约给水，契合当下建设节约型园林的战略定位。

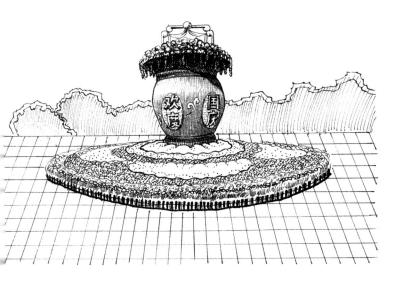

为体现昌平区百花齐放，百业兴旺，百家争鸣的发展态势，制作"大花篮"主题花坛，也表达了人们对美好生活的憧憬。

设计思路

花坛造型分为两部分，花篮主体和地摆花卉。

花篮主体　由两色五色草、金叶佛甲草、白草扦插而成，篮身中部一侧，四个鲜红大字"欢度国庆"镶嵌其中，营造了浓郁的喜庆祥和气氛，表达对祖国母亲生日的最真挚祝福、感恩和赞美；篮身中部另一侧，以紫色五色草扦插"1949—2016"，数字简单，包含的内容却深刻隽永——新中国成立这67年间，经历了翻天覆地的进步和发展，人民的幸福感、获得感与日俱增；点缀在花篮外壁的祥云，以及花篮中盛开五颜六色的月季、菊花、百合、唐菖蒲、香石竹等，寓意祥和，表达了老百姓热爱和平、追求和平的美好愿望。

地摆花卉　以红和黄两色为主基调，着力营造喜庆、祥和的节日气氛。红色的海棠及球菊圈围成圆形，象征着全区人民紧密团结、红心向党、锐意进取，没有更多华丽词藻，只有朴实真挚的希冀在花语中，祝福祖国繁荣昌盛、国泰民安。

主要花材、用量、设计技巧

花篮主体高5m、篮盘直径3m；提手部分为钢架结构，高1.5m、宽50cm。

花篮篮身除了正面的"欢度国庆"为红色亚克力材质，其他部分均由小叶绿草、大叶红草、金叶佛甲草、白草插制而成。篮身插制需注意红绿草交接部分线条的直立性，祥云花图的云角摆尾等部位要用单草细插。花篮整体插制完成后要进行修剪、杀菌、喷B9植物生长调节剂，控制植株生长高度，保证字体和祥云纹路的清晰。

花篮开口部分使用仿真花，品种多样、颜

色鲜艳、摆放简单、维护方便，可根据摆放位置随意调节。外围选用常春藤、剑兰、蝴蝶兰、飞燕草、唐菖蒲等自然下垂植物；内芯选择月季、牡丹、玉兰、向日葵等大花艳丽品种；中间以绿叶填充空隙。适当调整材料的长短及开放角度，用火烧丝或者打包机把花茎固定在骨架网上，做成造型丰满、高低错落、疏密有致的球面型。

花篮顶部的如意角提手用方钢制作而成，焊接在花篮里面的预埋铁上。提手用红绸包裹，留出自然垂下的弧度，两侧留出来2m做自然飘逸状。

昌平亢山广场——"大花篮"实景

『乡村风情』主题花坛

Case 3

亢山广场"乡村风情"设计图

随着国家对生态环境建设力度的提高，昌平区乡村环境也随之发生了巨大变化。此花坛正展现了昌平区的山青水绿的美丽乡村。

设计思路

亢山广场服务半径涵盖居住区、大学、商业区等，且紧邻城市主干道，交通便利，游园者类型较多。在此处结合昌平区2015年政府工作报告中"加大生态环境建设力度、提高城乡环境质量"工作要求，设置以"乡村风情"为立意的主题花坛。亢山广场南部为丘，下沉广场紧临丘下，借地势以水系为主要表现元素，辅以风车、木屋、竹亭等衬托水景之形；点缀黑心菊、紫松果菊等绿植烘托"采菊东篱下，悠然见南山"之意；整体以"仁山智水"强调主题"乡村风情"之美。现代喧闹的城市很少有人可以体验到乡村的宁静安适，而这"居广厦之中，独享桃源一处"的景色让人们体验到乡村环境的优雅安逸、舒适舒心。

采用花材、用量、设计技巧

造型由水池、木屋、独木桥及观赏花卉组成。选用三角梅、金叶假连翘、蒲葵、针葵、棕榈等8种观叶植物400盆；蒲苇、紫叶狼尾草、千屈菜、花叶芒草、玉带草等5种观赏草200盆及醉蝶花、鼠尾草、向日葵、万寿菊、孔雀草、大花海棠、波斯菊等8种应季花卉近10000盆。

水池长60m、宽30m，呈自然流线型，以特制早熟禾草坪作为护坡，草坪需在前期另行制作（平铺1~1.2m宽的纱网，上铺5cm厚草炭土并踩实，将外购草坪卷底土磕掉露出草根后均匀铺在草炭土上浇透水，每天上午、下午各喷一遍水，间隔10天喷一次麻渣水，养护1个月即可使用。施工时，用太平剪直接裁剪成型，搬运、铺装又快又平整），草坪卷用量约1000m²。木屋和独木桥预先制作好，用海绵或垫布包裹保护后再放在水池中，以防刮坏土工膜。

水池护坡上埋入花盆时，要将盆底放实稳定牢固，避免花盆被大风刮倒。护坡上摆放盆花时，先将12穴大托盘连接固定成一个整体，再在孔穴里摆花，可避免盆花倒伏。

亢山广场"乡村风情"设计图

昌平元山广场"乡村风情"实景

2017

花坛案例

　　2017年，备受关注的"一带一路"国际合作高峰论坛在北京举行。为表达昌平人民对"一带一路"共同发展倡议的拥护，对伟大祖国的崇敬与爱戴，对大型赛事的期待，也为烘托国庆的喜庆祥和气氛，北京市昌平区园林绿化局于9~11月在昌平城区重点公园和重要道路节点进行节日摆花，主要内容有：赛场公园的"一带一路，共同发展"主题花坛、昌平公园东门的"融合绽放"主题花坛、亢山广场的"祝福祖国"主题花坛。

　　2017年的花坛展现了"一带一路"的重要内容，以及丰富的民族文化内涵，展现了昌平区繁荣富强的景象。

"一带一路，共同发展"主题花坛

Case 1

"一带一路，共同发展"设计图

　　"一带一路"是一条互尊互信之路，也是一条文明互鉴之路。花坛设计利用方寸之地，展示了"一带一路"的内涵与理念。

设计思路

　　以"一带一路，共同发展"为中心思想，引入了陆上丝绸之路与海上丝绸之路的历史元素，以沙漠和骆驼商队体现陆上丝绸之路，以水面和船只表现海上丝绸之路，以万里长城作为背景，不仅体现了巍巍中华的浩然之气，也使本花坛长城背后的公园景观有了视野分隔，更利于集中表现"一带一路"的主题。绿色长城之上，"一带一路，共同发展"的红色字体非常醒目，展示了本花坛的主题。本花坛集观赏性与知识性为一体，在为观众带来视觉盛宴的同时，也潜移默化地普及了一带一路的理念。

采用花材、用量、设计技巧

花坛造型由长城、沙漠、水池、地摆花坛四部分组成。

长城 "万里长城"作为背景，为钢骨架结构，高5m、宽2.5m、全长35m，由四组城墙、三组烽火台组成。长城墙体采用小叶绿草、小叶红草、白草三撮品字形扦插而成，每平方米600株。

沙漠 造景以沙丘、沙漠植物和驼队表现古代骆驼商队运输茶叶、瓷器、丝绸等物资与陆上丝绸之路沿线国家进行商贸往来的主题。沙丘以袋装草炭土堆叠而成，长40m、宽10m、高1m，表面铺竹胶板，板上铺20cm海沙，此处未选用土沙是因为土沙不如海沙干净且没有阳光直射下的金灿灿的效果。为了使骆驼与沙丘自然结合在一起，骆驼腿部高于沙丘的钢管以棕片包缠。沙漠植物选用仙人掌、金琥、仙人指、龙骨等。沙丘内蜿蜒设置长80m、宽1m的白色水磨石子景观小径，方便游人近距离欣赏的同时，丰富造型色彩。

水池 造景长40m、宽15m，呈自然流线型，以航行的古代帆船和现代化集装箱运输船，表现海上丝绸之路。水池护坡以袋装草碳土叠放而成，高0.8m、宽0.4m，用特制草皮卷覆盖装饰。池底铺塑料布，下衬无纺布加以保护。

地摆花坛 呈带状，宽2m，与白色景观小径走向一致。用3cm×4cm的黑花拍捆绑成整体，将世纪鸡冠、非洲凤仙、四季海棠、鼠尾草、万寿

昌平赛场公园——"一带一路，共同发展"实景

菊、孔雀草、金叶佛甲草、金叶番薯等8种20000盆应季花卉插入花拍中，组成清新、艳丽、自然的立体景观。

新技术

长城造型背面高差过大（底托2m，烽火台5m），用五色草扦插后无法实现灌溉，缺乏灌溉会导致草变黄、出现斑秃甚至死亡。鉴于此，使用生态草坪代替五色草，以假乱真，减少了养护成本，又离游人较远，且在阴面，不影响视觉效果。

『融合绽放』
主题花坛

Case 2

造型以"融合绽放"为中心思想，打造缓坡地形，上面及周边装饰以色彩丰富的花材及造型小品，整体造型层次丰富，元素杂而不乱。

设计思路

身着工装手持工具的园林卡通人物形象昭示了首都园林工作者的工匠精神及阳光形象，人物、花卉、彩虹、花屋、花树等共同构建了一副和谐、优美、欣欣向荣的画卷。

主要花材、用量、设计技巧

花坛由多彩花拱桥、七彩花树、温馨小屋、地摆花坛组合而成。

多彩花拱 桥由4根彩虹花拱渐次排列，花拱高5m、跨度10m，花拱花材选用红叶红海棠、金叶佛甲草、非洲凤仙（蓝珍珠、亮橙），每拱用花1500株。各色花拱间用灯带分隔，白天可使彩虹桥层次更加清晰，夜晚可使花拱桥更加漂亮。

七彩花树 高3m、冠幅4m，树干用小叶绿草扦插，树冠做成蘑菇花球，以凤仙（粉色、蓝珍珠、玫红色）、金叶佛甲草卡盆花间隔插制，色彩丰富、分隔明显，花树用花总计1200盆。每个卡盆均插入滴箭，保证花材对水分需求。

温馨小屋 高1.5m，房顶用蓝珍珠凤仙覆盖，房檐用玫红非洲凤仙插制，外墙用小叶绿草插制，窗户用小叶红草插制、以金叶佛甲草、白草做出窗格。

地摆花坛 长15m、宽12m，将花拱、花树、小屋包围其中。花坛一侧用草炭土堆砌成山，山坡摆满绿叶紫花鼠尾草；多彩花拱拱洞以绿叶白花海棠铺满，像一泓清澈的溪水潺潺不息，流向远方。整体造型绿水青山、花团锦簇、喜庆祥和，共用海棠、金叶佛甲草、非洲凤仙、孔雀草、鼠尾草、大花百日草、垂盆草、五色草等约3万盆。

"融合绽放"设计图

昌平公园——"融合绽放"实景

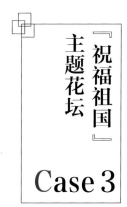

『祝福祖国』主题花坛 Case 3

"祝福祖国"花坛设计图

用鲜花送祝福是中国的传统，花篮中盛开鲜花的祝福形式更是喜闻乐见，同时本着节约环保理念，沿用"大花篮"造型进行花坛设计，更好地与节日氛围相融合。

设计思路

"祝福祖国"花坛借鉴天安门广场花篮设计制作。花篮下方的"1949—2017"，显示了新中国从1949年到2017年68年砥砺前进、光辉灿烂的历程，运用双层祥云图案烘托国庆喜庆祥和的节日氛围。整体造型高雅、简约、大方。

主要花材、用量、设计技巧

祝福祖国造型由花篮、地摆花坛两部分组成。

花篮 总高7m，篮身高6m、直径4m、瓶口内径3m，上方提篮高1m。花篮分上下两部分，现场用法兰盘及焊接加固合为一体。花篮上口和篮身用小叶绿草插成，底部和上口腰线用小叶红草插成，篮身正面用小叶红草作底色，小叶绿草和红草用大撮插制，每平方米600株。用金叶佛甲草插成"祝福祖国"和"1949—2017"字样。篮身背面用金叶佛甲草插成竹子图案，每平方米用草700株。造型内预埋灌溉水管，选取60~80cm的间距留支管或者微喷头。提前一天浇灌基质，保持土质湿润，以手攥成团不滴水不松散为宜。填基质的时候要边填边捶打夯实，以免基质不实造成插草不生根现象，封网可随填土夯实工作同步进行。填土封网完成后，最好晾晒3天左右，让基质在缀花插草前进行正常的土壤呼吸，有利于五色草扦插后后快速生根。

昌平九山广场——"祝福祖国"花坛实景摄影

制作技巧与工艺

　　鉴于真花养护难度较大以及缺乏视觉冲击力（花篮较高，真花放上去看起来太小），花篮开口部分使用仿真花填充摆放。仿真花的优势在于花材品种多样、颜色鲜艳、规格较大、摆放方便简单、不需要养护成本。花材可以根据摆放位置进行调节。外围一圈选择常春藤、剑兰、蝴蝶兰、飞燕草、唐菖蒲等自然下垂植物。顶部的花材可以选择月季、牡丹、玉兰、向日葵等大花头且花茎硬挺的品种，多选用红色、黄色、紫色、粉色、蓝色、亮橙色等鲜艳颜色，中间穿插一些绿叶填充空隙，再适当调整花茎的长短，以及开放的角度，用火烧丝或者打包机把花茎固定在骨架网上，做成中间高四面低的球面型。这样，花篮顶部造型丰满、高低错落、疏密有致。

　　花篮顶部的如意角提手用方钢制作而成，焊接在花篮里面的预埋铁上。提手用红绸包裹，中间布不缠太紧，留出自然垂下的弧度，两侧留出来2m做自然飘逸状。

　　地摆花坛是整组花坛的烘托。面积较大，以花篮底座为中心，向外围辐射，直径约30m、里高外低、立体效果强。花坛中的祥云图案均匀设置，先将图案喷绘在广告布上并剪裁出形，覆在密度板上拓边缘线，再沿线条填充各色花卉，既保证了祥云的视觉效果，又降低了施工难度。地摆花卉以国庆花园小菊、万寿菊、大花海棠、鼠尾草为主，利用花色和高度实现设计效果。红黄两色花园小菊是我们花圃基地自行培育的21双色盆分，冠径约40cm，颜色艳丽、冠幅丰满、圆润、株型整齐、开花一致，景观效果突出。

昌平亢山广场——"祝福祖国"花坛实景摄影

2018

花坛案例

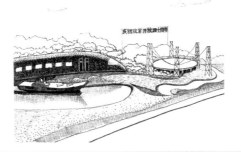

改革开放40年的经历，是一笔宝贵的财富，为缅怀过去并展望未来，2018年十一期间，以纪念改革开放40周年为契机，在赛场公园设置了"庆祝改革开放四十年"主题花坛，在永安公园摆放"喜迎冬奥"主题花坛。

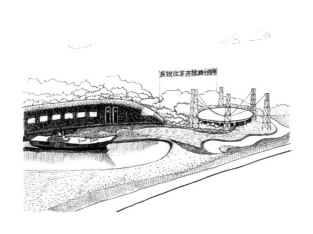

设计思路

花坛选取代表中国军事科技力量发展的"辽宁号"航母级护卫舰、代表中国飞速发展的复兴号高铁和代表中国科学技术进步500m口径球面射电望远镜（以下简称"天眼"）等在国防、交通和天文领域具有重大影响力和代表性的元素，呼应"庆祝改革开放四十周年"这一主题，展示了中国改革开放四十年来发生的翻天覆地的变化。

主要花材、用量、设计技巧

花坛由复兴号高铁、天眼造型、"辽宁舰"航母及地摆花卉组成。

复兴号 复兴号高铁造型长40m、宽2.5m、高度2.5~4m，为四面观造型。主体钢骨架结构，按照高铁模型焊制整体轮廓，链接卡圈。红叶红花海棠和金叶佛甲草卡盆花插制，每平方米用花81盆。滴灌和微喷给水，车厢整体2/3卡盆花都要安插滴箭束，车厢顶面间距2m安装微喷，车灯、车厢、车窗为亚历克玻璃框。高铁造型头大尾小，体现了高铁由远及近飞驰而来的动态效果。利用景观灯带分隔出了复兴号高铁的车头、车厢、车门，轮廓清晰明了，形象逼真。

天眼 天眼全称为500m口径球面射电望远镜，是目前世界上口径最大、最具威力的单天线射电望远镜，体现了我国高技术创新能力。造型主体为凹面，直径10m、深2.5m，由钢骨架加铝塑板构成，天眼反射面用灰色金属漆画出三角形的网格，反射面边缘均匀分布6组四方体锥形馈源支撑塔，塔高5m、塔基边长1.5m。天眼反射面上方，有一个用6条索驱动连接到馈源支撑塔的馈源舱，直径约0.5m。天眼反射面中心点着地，反射面边缘用20cm×20cm见方的龙骨架支撑，以防倾斜。天眼反射面底部的空间如果全部用土填实需要大量的时间及材料，经过多次商议最终选用1200盆三角梅、花叶榕、垂榕、棕榈、散尾葵、南天竹、金叶假连翘、变叶木、鸭掌木、春羽等高大观赏绿植作为遮挡，高低错落，塑造出悠悠青山的背景，

"庆祝改革开放四十年"设计效果图

复兴号高铁施工现场

赛场公园——"庆祝改革开放四十年"实景

赛场公园——"庆祝改革开放四十年"实景

前脸处铺设了生态假草坪做铺垫，既节省了材料成本、节省了时间，又使景观整体效果完美提升。本造型仿真度极高，视觉效果极为震撼。

"辽宁舰"航母　水池布置一艘"辽宁"号航母，两艘小型护卫舰。辽宁号航母造型长12m、宽2m、舰身高度0.8m，玻璃钢材质制

作。设计特别注重细节的真实性。舰体上有雷达接收器、卫星定位器、舰载战斗机等防御护卫系统。舰载机的形态各异，有在甲板停机坪上停放的、有在跑道上待飞的、有正在起飞的。辽宁舰舰身后是两艘前后错落巡航的护卫舰。

水池　造景采用袋装土叠坝的方式，在

赛场公园——"庆祝改革开放四十年"实景

复兴号高铁造型的西北侧叠垒出一个长30m、宽15m水池。将池底的杂物清理干净后,铺设一层2cm厚的保温板。水池坝高2/3处用黄土（致密,易踩实）装袋叠坝,叠坝体时要叠一层踩实一层,尤其袋与袋之间的交界处须互相咬合充实,避免出现孔洞。铺垫水池用防渗漏、韧性强、耐水压、防老化的塑料布,从水池一角开始放水,要确保放水管头上无铁丝或者卡扣等硬物,以免水压大时水管头摆动而刮坏塑料布。尽量选择有专人看守的白天进行放水作业,以便随时观察塑料布吃水情况及其他异常问题。用土或者花盆将塑料布压实,再根据护坡的高度往下逐层垫土,同时在水池周围摆放观叶绿植作为配景植物。整体护坡做完后用稻草帘将护坡全部遮盖找平,用200m²特制草坪卷铺设水体护坡,并在水体护坡的周围搭

配三角梅、金叶连翘、散尾葵、花叶垂榕、鸭掌木、非洲茉莉、夹竹桃、天堂鸟等观赏绿植11种近800盆。在水池护坡周围，点缀玉带草、花叶芒、蒲苇草、紫叶狼尾草等观赏草4种120盆。

地摆花卉 用白色的水磨石子，铺设一条1m宽的景观小径，随着水池山体自然环绕，长约50m。用面包砖圈围1m宽的路基，撒上细沙、抹平，再用白色水磨石子覆盖。以德国小菊（红色、粉色、紫色、黄色）、四季海棠（绿叶玫红色、红叶红花、绿叶粉花）、非洲凤仙（蓝珍珠、亮橙色、玫红色）、彩叶草（天鹅绒红色、金黄色）、鼠尾草、垂盆草、金叶番薯、世纪鸡冠等16种花色50000盆花组成流线型花带，线条清晰流畅、颜色明艳、强烈烘托出国庆喜庆祥和的节日氛围。

『喜迎冬奥』主题花坛

Case 2

"喜迎冬奥"主题花坛设计效果图

158

设计思路

2015年北京申办2022年冬奥会成功，喜讯传来，举国欢腾。北京也将成为历史上首个同时举办过夏季和冬季奥运会的城市。几年来，北京冬奥会场馆及配套基础设施建设得如火如荼，老百姓对于冬奥会运动项目的参与积极性也与日俱增。冬奥会在北京获得了越来越坚实的群众基础。在这样的时代背景下，这座"喜迎冬奥"的主题花坛造型设计应运而生。

花坛的造型为圆形"金牌"屹立于地摆花坛中。包含了诸多元素：作为背景的绿水青山、和平鸽，运动健将奋力拼搏展示了更快、更高、更强的奥运精神。冬奥会会徽中的"冬2022"则是点睛之笔，突出主题。各个元素相互融合呼应，预示着2022年冬奥会圆满成功。

地摆花坛中的花材以红和黄两种色彩为主，颜色鲜亮、热烈，突出了欢乐的节日气氛。花坛中一座绿色圆台，色彩和后面的金牌花墙相呼应，并且，上面的奥运五环和花墙上的"冬2022"联合组成了奥运会会徽，这样的设计，使会徽形象更加立体、生动、层次感更强。本花坛造型为双面观形式。

采用花材、用量、设计技巧

花坛主造型为圆形，底托为大梯形。

花坛主体高度5m，外圈0.5m的花环采用的用大叶红草大撮插制，每平方米700株；中圆绿色渐变部分用小叶绿草和小叶红草插制，高低错落搭配表现连绵起伏的群山，单株细插，每平方米1200株。

左侧白色部分用的白草表现的是冬季白雪皑皑的山顶瑞雪景观，黄绿色部分采用金叶佛甲草插制，一是表现冬季牧草变枯黄色，二又利用金叶佛甲草金黄色增加造型的色彩，提升景观的观赏性。白草、金叶佛甲草单株细插，每平方米800株。中间白色用绿叶白海棠的穴盘苗插成滑雪的雪道，每平方米400株，两名奥运滑雪选手从高高的山顶上飞驰而下，展现了更高，更快，更强的奥运精神。

底托梯形，上边长5m，下边长7m，宽4m，金叶佛甲草卡盆花插制，每平方米81盆。底托卡盆不安装滴箭，人工浇水。底托上铁艺造型奥运五环和"冬2022"点明主题。

圆形地摆以底托为中心向四外放射，直径10m。用粉色、黄色、红色小菊顺时针旋转摆放，小菊为21cm×21cm的加仑盆、冠幅40cm，株型圆润、颜色艳丽。蓝花鼠尾草、天鹅绒彩叶草、四季海棠绿叶玫红色、红叶红花组成色块，非洲凤仙玫红色镶边，白色围栏圈围花坛周长划一。

昌平永安公园——"喜迎冬奥"主题花坛实景图

2019

花坛案例

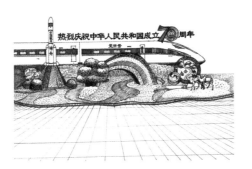

题花坛

『热烈庆祝中华人民共和国成立70周年』主题花坛＼『步步高』主题花坛＼『绿水青山就是金山银山』主

『中国梦』主题花坛＼滨河公园－绿水青山是金山银山＼『庆祝中华人民共和国成立70周年』主

2019年将迎来中华人民共和国70华诞。70年峥嵘岁月，70载光辉历程。"生态兴则文明兴，生态衰则文明衰"，中国的生态文明建设步入了快车道，建设美丽中国已经成为中国人民的奋斗目标。为迎接国庆的到来，庆祝新中国成立70周年，营造节日氛围，装扮喜庆祥和的环境，设计了以体现科技强国的"庆祝新中国成立70周年"主题的花坛、以体现人民生活水平逐步提高"步步高"主题的花坛、宣传保护环境以争创"绿水青山就是金山银山"主题的花坛、宣传"大运河文化带"为主题的花坛。北京市是大运河的起点城市，而北京市昌平区的白浮泉，则是大运河最北端的源头！亢山广场设置了"大运河文化带"主题花坛，旨在宣传大运河文化，为大运河文化的传播和流传添砖加瓦。"中国梦"即实现中华民族伟大复兴。

具体表现是国家富强、民族振兴、人民幸福，是习近平总书记2012年11月29日正式提出的，是中国共产党第十八次全国代表大会召开以来，习近平总书记所提出的重要指导思想和重要执政理念。"中国梦"的核心目标也可以概括为"两个一百年"的目标，最终是实现中华民族的伟大复兴。

"热烈庆祝中华人民共和国成立70周年"主题设计图

『热烈庆祝中华人民共和国成立70周年』主题花坛

Case 1

设计思路

2019年是中华人民共和国成立70周年，全国人民举国欢庆，热情高涨，喜迎盛世。我们在赛场公园位置设计了一组以庆祝70周年为主题的立体造型。这组造型由中国铁路名片，中国高铁，航天科技的骄傲神舟飞船、长征火箭，文体大飞跃的喜迎冬奥会三部分组成。中国经过改革开放40年的发展历程，在中国共产党的领导下，从贫穷、落后，到处受殖民者欺辱的国家发展成为在科技、文化、经济、军事等领域全面发展的世界大国，并在航天科技，交通运输高铁、大飞机、北斗导航等领域取得飞速发展。高铁技术的发展成为中国在世界上最好的名片。

采用花材、用量、设计技巧

"热烈庆祝中华人民共和国成立70周年"主题花坛的元素非常丰富。有象征着中国速度的复兴号高铁、象征中国航空事业发展的神舟飞船、象征着中国经济崛起的"一带一路合作共

赛场公园——"热烈庆祝中华人民共和国成立70周年"花坛实景摄影

赢"、花拱地摆花卉五部分组成。

高铁 长40m，高3m，宽2m，为玻璃钢结构造型。玻璃钢特点是，重量轻，结构稳定，外形美观逼真，组合性好。制作过程用钢骨架按照造型结构需要做支撑骨架。钢骨架制作-模具处理-脱模剂-胶衣-树脂（腻子）毡布-固化-装骨架（筋）-脱模-修整组合等一系列工序，经过近40天的工期加工制作而成。

火箭 中国航天技术取得了飞跃发展，神舟飞船系列，嫦娥探测器系列，都是国家航天科学的标志。我们设计的神舟火箭是中国建国70周年的航天科技的大飞跃。火箭由玻璃钢材质构成。火箭的箭身高5m，直径50cm，发射器高2m，底座用不锈钢做成喷射火焰状 。

花拱花树造型 以四色花拱及多彩花树组成的造型在庆祝建国70周年的花坛中体现精神文化水平的提高。花拱高4m，跨度6m，钢骨架结构，花树钢骨架结构，树高3m，树冠焊制成卡盆由金叶佛甲草、绿叶红花海棠、玫红色凤仙，亮橙色凤仙四根花拱卡盆花插制。每平

方米81盆。树干直径0.7m。由小叶绿草、金叶佛甲草大撮细插，每平方米用草700~800株。

一带一路合作共赢元素 由圆形花盘、一带一路图标（骆驼商队、水中船只），远处高山组成。圆盘高5m，外圈0.5m的花环采用的是大叶红草大撮插制，每平方米700株。绿色渐变部分是用小叶绿草和小叶红草采用，单株细插，每平方米1200株表现的连绵起伏的群山中2只驼货骆驼。左侧白色部分用白草表现海上丝绸之路的造型。采用金叶佛甲草插制商船造型。白草、金叶佛甲草单株细插，每平方米800株。中间白色用绿叶白海棠的穴盘苗插成河流，每平方米400株。

地摆花卉 长60m、宽20m。围绕高铁、花树、花拱及一带一路圆盘用袋装草炭土做山坡地形，刮平后捆绑3cm×4cm花托拍，填充四季海棠玫红色、绿叶粉色、孔雀草、凤仙蓝珍珠等矮生、花冠密集、颜色艳丽的盆花摆放，每平方米64盆。

『步步高』主题花坛

Case 2

设计思路

　　新中国成立以来，中国人民在中国共产党的带领下，在各个领域都取得了非凡成就。中国的综合国力越来越强，人民生活水平越来越高，老百姓的幸福感和获得感越来越强烈。"步步高"这一主题花坛为左右对称结构。一方面可显示出"1949""1959""1969""1979""1989""1999""2009""2019"这些建国"逢十"的年份，也表明了中国一步一个脚印的前进发展历程。中国的发展步步高升，越来越好。花柱横轴背景为绿色，近处六根花柱上的字为绿色，最远处花柱上的"2019"则为红色，突出庆祝2019年（当年）国庆的欢快心情。横轴上悬挂成串的红灯笼，点亮喜庆热闹的节日气氛，同时可提供夜景照明，一举两得。花柱的纵轴为红色，埋入红色方形花箱中，花箱底部铺设红色方形地摆。

"步步高"主题花坛设计图

昌平永安公园"步步高"主题花坛实景

整体造型线条硬朗方正，气势恢宏。灯笼以及大量红色的运用一定程度上增加了柔美雅致的气质，使整个主题花坛刚柔并济、形象夺目。

采用花材、用量、设计技巧

"步步高"这一主题花坛为左右对称结构，两侧各设7根"倒L形"花柱，花柱由近及远越来越高，立柱最矮3m，最高6.5m，横框长1.8m。花柱钢骨架结构，卡盆花插制。每平方米81盆。选用金叶佛甲草、四季海棠（绿叶玫红色、绿叶粉色、红叶红花）非洲凤仙（蓝珍珠、亮橙色、猩红色）等插制，滴箭微喷给水。框架边缘10cm为亚克力黄色灯带。每根花柱中间悬挂大红灯笼，作为夜景灯光。底托花箱长1.8m、宽1m、高0.6m。底部垫陶粒、草炭土，将花拍固定到花箱里面，摆放四季海棠、非洲凤仙、万寿菊、长春花、火炬鸡冠等5个品种近30000盆。

『绿水青山就是金山银山』主题花坛

Case 3

"绿水青山就是金山银山"主题花坛效果图

"绿水青山就是金山银山"主题花坛实景图

设计思路

随着城镇化进程的发展，人们越来越意识到了生态环境的重要性。而城市森林理念则是全面推进我国城市生态良好发展道路的重要途径。建设"森林城市"是加快造林绿化和生态环境建设的创新实践，是推动林业现代化和生态文明建设的有力抓手。开展森林城市建设，牢固树立创新、协调、绿色、开放、共享的发展理念。以改善城乡生态环境、增进居民生态福利为主要目标设计的"昌平区争创全国森林城市"称号的造型，宣传森林城市的知识和理念。

花坛造型以巍巍青山为背景，山畔绿树林立，地上遍布红花绿草，俨然一派世外桃源的风光。美景之中，隐隐可见楼房耸立。分不出是城市建在森林当中，还是森林建设在城市当中，城市和森林已经有机地融合为一体。该造型宛如一幅工笔画，精谨细腻，润物细无声地向观众传达了"绿水青山就是金山银山"的理念。

采用花材、用量、设计技巧

以五色草绿色高山、卡盆花树、民居木屋、玻璃钢楼群及地摆植物组合配置，营造各种类型的森林和以树木为主体的绿色环境，形成以近自然森林为主的城市森林生态系统。

绿色大山长12m、高6m、宽1m，由四组大小不等的五色草插制假山贴合成一个整体。金叶佛甲草、白草大撮插制，每平方米600株。小叶绿草、小叶红草三株品字插制，每平方米800株。插制后进行精细修剪。大花树树高5m，树干小叶绿草和金叶佛甲草插制，树冠分枝为轮生状，卡盆花插制。每一分枝卡盆花300盆。树下小屋民房形状，高3m、宽2m，三组错位摆放。白草、红叶红花、绿叶粉花开花穴盘苗按照每平方米400株插制，渗灌微喷给水。小花树高2m、1.5m，钢骨架模型，五色草插制。

玻璃钢造型的居民楼群高5m，宽5m，由高低4组楼群组合，体现城市中森林覆盖率高，人在树林中，绿在身边的绿色生态空间。

地摆花坛长20m，宽15m。围绕整组花坛一周旋转，采用一串红、彩叶草、美女樱、世纪鸡冠、北京小菊、鼠尾草、孔雀草等组合成色块，烘托整体造型，用花20000盆。

"中国梦"主题花坛效果图

"中国梦"关乎着中国未来的发展方向，凝聚了中国人民对中华民族伟大复兴的憧憬和期待。它是整个中华民族不断追求的梦想，是亿万人民世代相传的夙愿。每个中国人都是中国梦的参与者、创造者。

"中国梦归根到底是人民的梦，必须紧紧依靠人民来实现，必须不断为人民造福。"对于每一个人，梦就是一种希望，一种向往，一种理想，一种对未来的期冀；对于一个民族，它则是凝聚的共识，奋斗的目标，行进的方向。让我们共同携手，共创我们的"中国梦"。

设计思路

此花坛造型摆放于滨河公园老南邵桥东桥头，以"中国梦"为花坛的主题，"和平鸽"和"一带一路"为花坛背景，地摆花坛由各色盆花

169

组成。"和平鸽是和平、友谊、团结的象征，寄托着中国人民国庆盛典的激情、欢乐和对世界和平、友谊、团结的美好愿望。作为"中国梦"三个字的背景上方为弧线，下方为曲线寓意"一带一路"，即中国依托"一带一路"以经济合作为基石，遵循团结合作、开放包容、互学互鉴、互利共赢的丝路精神，与世界各国共同发展，共同富裕，迎来共商共建共享的新时代，以实现中华民族伟大复兴的"中国梦"。

采用花材、用量、设计技巧

花坛位于昌平区南邵镇东沙河老桥东桥头上。中心画面为"中国梦"三个字，五色草长方形画框，丝带、波浪为背景，和平鸽点缀，地摆花坛组成。

长方形画框长6m，宽4.5m，厚0.5m，钢结构焊接骨架，安装渗灌滴管后填充基质，压实。表面用遮阳网覆盖。在遮阳网上画出图案的轮廓，分别用金叶佛甲草，小叶绿草插制框架，用大叶红草插制中部的彩虹，采用大撮品字型插法，每平方米用草约600株。插制完成后要进行精细修剪，用尖头布剪斜向剪两色草之间的交汇处，形成纹理清晰的立体的图样。"中国梦"三个字用钢骨架围出中国梦的字体形状，卡圈焊接出字体轮廓，采用红叶红花的四季海棠卡盆花插制而成。每平方米81盆。和平鸽采用亚克力硬质材料制作，外形美观，生动形象。主体矿架安装霓虹灯，突出花坛夜景效果。

地摆花坛椭圆形，长12m，宽6m。以万寿菊（金黄色）、一串红围绕花坛框架做成心形花蕊，四季海棠（红叶红花）、绿叶玫红、矮牵牛、鼠尾草做成花瓣，非洲凤仙（蓝珍珠、玫红色）各三行镶边。整组花坛主题突出，色彩鲜明。用花约4000盆、五色草20m^2。

新品种、新理念、新技术

这组造型五色草和卡盆花采用滴箭和微喷给水，既可以保证花材对水分的需要，又可以节约用水，减少了水管大量浇水满地流的现象，符合现代节约型城市理念。"中国梦"三个字和画框采用灯带增加夜间灯光照明，提亮花坛色彩。

"中国梦"主题花坛实景

滨河公园——
绿水青山就是
金山银山
Case 5

"绿水青山就是金山银山"主题花坛效果图

70年前的中国是百废待兴，70年后的中国则是百业昌盛。在党和中央的正确领导下，今天的中国已经进入新的发展阶段。14亿人民在实现"中华民族伟大复兴梦"的号召下迸发出极大的热情和力量，为实现中华民族的全面崛起而奋斗。在世界的历史长河中，70年不过是短暂一瞬。但对于中国、对于中国人民来说，却是一个不平凡的历程，是充满奇迹和辉煌的。

设计思路

为了充分表达全国人民对祖国生日的祝福和祈盼中华民族伟大复兴的中国梦的实现，制作了"绿水青山就是金山银山"的立体花坛。此立体花坛通过传统的中国结造型，充分表达人民对祖国伟大成就地赞美，对祖国忠心地热爱，对实现梦想的坚定。

中国结本身也是智慧和团结统一的象征。一根简单的绳线以其形式变化多端，寓意丰富

多彩，体现了编织者的创造和巧妙智慧。同时，这根线紧紧缠绕在一起，是团结一心的形象展示。中国结用红色，代表着一种喜庆的氛围，胜利的期盼，还有吉祥与辟邪的含义。

采用花材、用量、设计技巧

花坛造型中心画面为"中国结"造型，左侧"绿水青山"，右侧"就是金山银山"，简易小型中国结点缀，以两扇屏风为背景，地摆花坛做烘托陪衬。

两扇屏风全长6m，高6.5m，厚0.5m，钢骨架结构焊接制成。先将水管自骨架底部80cm处固定，向上间隔70cm螺旋盘绕到顶，支管间隔40cm均匀安装固定在骨架上。将基质土填入骨架中，边填入边压实，防止出现孔洞。用遮阳网将基质绷住，在遮阳网上画出图样，小叶绿草大撮品字型插制，每平方米用草600株。中间亚克力硬质字体红色，与绿草底色形成鲜明

"绿水青山就是金山银山"主题花坛实景摄影

的对比，突出绿水青山就是金山银山。屏风边缘和中国结外轮廓安装霓虹灯带增加晚间灯光效果，提亮整组造型。

地摆花坛不规则花瓣型。世纪鸡冠、鼠尾草高花穗密摆每平方米64株，遮挡底部花托。外围用四季海棠（绿叶玫红、绿叶粉花）、万寿菊（亮橙色）、百日草、鼠尾草、孔雀草等组成花瓣型，每平方米49盆。整组花坛用6种5000盆、五色草造型40m²。

设计思路

以"欢度国庆"为主题，彩虹下映衬着中华民族70周年的伟大成就。红旗飘飘，寓意一代又一代的革命英雄用自己的鲜血和生命书写了"中国红"。红旗的颜色，是中国洗刷耻辱，自立自强的颜色；是中国改革开放，再次崛起的颜色；是中国融入国际，不断强大的颜色。在这片黄色的土地上，国旗带着这抹鲜艳的红色指引着我们一代代人奔向希望，奔向未来。

采用花材、用量、设计技巧

此花坛造型中心主题为"庆祝中华人民共和国成立70周年"，中心为官方的建国70周年的标

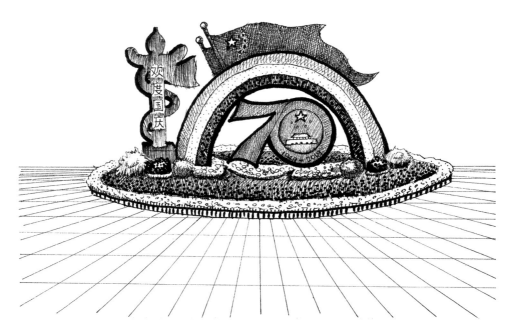

"庆祝中华人民共和国成立70周年"主题花坛效果图

"庆祝中华人民共和国成立70周年"主题花坛实景

识，上面为中华人民共和国国旗，左侧是一根富有中国传统文化内涵的华表和绸带，华表上书"欢度国庆"四个字，象征中国传统文化的精神、气质、神韵和人民举国同庆的欢快心情。地摆花坛做烘托陪衬。

整个造型全长12m，高5m，钢骨架结构焊接制成。三色花拱为穴盘插草（大叶红草、小叶绿草及金色佛甲草），华表和国旗为卡圈制作，其背面均采用仿真草皮。70周年标识采用亚克力硬质材料制作而成。表达全国人民欢度国庆的无比喜悦的心情。

地摆花坛有：金叶假连翘、非洲茉莉、三角梅、变叶木等观赏植物。球菊（红色、黄色）、万寿菊(金黄色)、鼠尾草、非洲凤仙（蓝珍珠、玫红色）等8个品种5000盆组成。

展会花坛

近年来，昌平区花卉产业蓬勃发展。以大型花卉展览为契机开展花坛建设项目，展示昌平区花卉产业的实力和发展成果，提高昌平区花卉的影响力与知名度，引导花卉消费，同时也展现出昌平区的历史积淀、文化底蕴，体现了地域特色。

中国花卉博览会始办于1987年，每四年举办一次，是国内规模最大、档次最高、影响最广的国家级花事盛会，被誉为花卉界的"奥林匹克"。第七届中国花卉博览会（以下简称"七博会"）主题是"创新发展、和谐繁荣"，充分体现"人文花博、科技花博、和谐花博"的办会理念，于2009年9月26日至2009年10月5日在北京市顺义区和山东省潍坊市联合举行，是建国六十周年大庆的献礼，是首都服务全国、庆祝建国六十周年的重要载体，是促进后奥运经济平稳过渡的重要举措。顺义区"七博会"举办地点紧邻空港，交通便利，是首都文化、经济对外的窗口。借助"七博会"，可进一步打造城市品牌形象，提高城市文化品位，推动北京花卉产业的发展，开拓北京花卉消费市场，建立北京新的社会关注点与经济增长点。

2008年，昌平区委、区政府为推进社会主义新农村建设、促进农民持续稳定增收，制定了"一花三果"为主导的都市型现代农业发展战略，"一花"百合产业便是其主要内容。在本届花博会的昌平花坛中以"昌平百合"为主题，展现了百合产业的蓬勃发展。

七博会展位设计效果图-1

七博会展位设计效果图-2

设计思路

利用昌平区自产百合进行展台布置，墙面及主体螺旋状的钢架结构，全部用三色百合花朵平铺插制，百合花大而色正，香味持久，充分展现昌平百合花色多、品种全、产量大、质量佳的优势。展区内展示品种百合、品种月季、野生花卉等，意为展示百合产业蓬勃发展的同时，带动其他花卉共同发展。

采用花材、用量、设计技巧

第七届全国花卉博览会北京昌平区室内展区面积为40m²。整个展区布置以昌平区主产花卉切花百合为主题，重点突出，特色鲜明。

采用花材 插花花材采用为东方百合系列，白色品种为'西伯利亚'，黄色品种为'木门'，粉色品种为'索邦'。

盆栽花卉包括品种月季紫色'美地兰''公主'，自育月季'北京红'，以及紫菀、假龙头、醉鱼草野生花卉。

百合花门 入口是插满百合的花门。由大量百合铺陈而成，恢弘大气，一朵朵犹如一只只小喇叭，传达着昌平花农幸福的喜悦，寓意着花卉带给人们新生活的开启之门。

螺旋火炬柱 展区中央立体艺术造型，由三个上大下小的螺旋柱组成，柱高分别高3.5m、2.5m、1.5m，上面分别插满粉、黄、白三种颜色的百合，底部为一圆形种植池，池内栽植盆栽花卉。螺旋形柱体寓意着我区花卉产业发展特征是前进性的、曲折性的、周期性的，发展道路上虽然布满荆棘，但我们必将以百合产业为引领，携手其他花卉共同披荆斩棘，冲破重重障碍，实现我区花卉产业的腾飞。

背景色调的选择 为更好地衬托百合花淡雅、高贵、娇艳的色调，展区的背板以凝重的黑色为主，辅以灰色和亮黄色。

背板及品种展示 左侧展台以黑色为背景，背景前放置若干低矮的台柱，上面放置品种百合进行展示，同时悬挂品种介绍图片。左侧背板与正面背板用一块灰色、高3m的弧形板连接，上面标出展区名称及标识，醒目抢眼。右侧背板以粉色百合打底，中间用龙柳、黄色百合、醉鱼草做出造型。最右侧展示墙前为品种月季与野生花卉展示。

设计技巧 采用平铺、叠加、堆砌、平行式等方法。大面积色块的应用，突出了面积不大的展区的整体效果，局部采用叠加、堆砌的技法可以更好地突出焦点。平行式插制可以把窄而高的位置立体突显出来。

利用黑色背景衬托整个展区，以昌平的主产花卉——百合进行布置，色彩对比强烈，设计简洁大方、庄重、典雅，具有很强的视觉冲击力，给人留下深刻印象，加上设定灯光效果的配合，使展区更加耀眼夺目。

使用新品种、新技术、新理念

2008奥运年为之后的花坛花卉生产提供了机遇，也提出了要求。新品种大量引进使品种呈多样化发展，丰富了市场；新技术、新理念的运用促进花卉种植从传统种植技术向现代化种植技术转变。

新品种与新技术 此次展示的百合品种共计12种，包括'西伯利亚''索邦''木门''罗宾那''曼妮莎''塞热诺''伯尼尼''提拔''星球大战''马可波罗''眼镜蛇''耶罗琳'，均为在我区引种成功的品种。引种的成功，显示了我区成熟的切花百合生产技术，丰富了我区百合切花品种，进一步满足了市场需求。

花卉新品种生产相关技术攻关 为使百合在七博会期间绽放，生产过程中严格执行我区百合科技工作者经过多年研究与探索后制定的《切花百合设施生产技术规程》（DB11T 682-2009）规程外，还创造百合最佳生长条件，进行相应的生产技术攻关。生产的百合绚丽夺目，香味持久，保证了花坛展示效果，延长了花坛观赏期。

（1）播种时间控制

根据多年的生产经验，摸索出百合夏季自定植到出花的时间，根据时间倒排催芽、定植日期。

（2）基质研究应用

由于百合生长要求疏松、腐殖质丰富、排水良好的土壤，在百合培养过程中，采用我区百合科技工作者自行研发并获得国家发明专利的东方系切花百合的栽培基质进行培育（专利号CN200910089744.4），使百合花色纯正，开放时间长、品相好，保证了花坛的观赏效果。

（3）解决越夏问题

针对百合品种中越夏要求高的问题，采取冷库催芽、水帘降温和遮阳网遮阴等技术手段确保其正常生长。

新理念 用螺旋花柱寓意昌平区百合产业步步高升的发展态势，利用百合、龙柳、醉鱼草做出造型，体现了昌平人民通过勤劳的双手，通过百合产业带动花卉产业，在荒沙滩地上种出幸福花的理念。

七博会展位实景摄影-1

七博会展位实景摄影-2

中国兰花大会由中国植物学会兰花分会于2007年发起，每两年举办一次，旨在加强国际国内交流，促进中国兰花文化和产业发展。

第四届兰花大会于2015年9月29日至10月10日在北京房山举办。本届大会充分发挥首都平台优势，弘扬和繁荣中国兰花文化，展示兰花产业发展水平，加强兰花栽培技艺的交流与合作。根据市园林局《北京市园林绿化局关于组织参展第四届中国兰花大会的通知》（京绿场发[2015]2号）要求，我区参加室外造景展览，展示主题突出我区特色文化品牌、花卉产业发展成果，展现了我区整体形象。

兰花大会花坛
Case 2

兰花大会主题花坛设计效果图

设计思路

立体花坛以"美丽昌平,幸福宜居"为主题,以一个温馨、幸福的昌平百合小院的生活场景呈现出来:百合花海以及苹果、柿子、草莓造型做成了剪影式的院门,展现出昌平区特色产业;以结满了苹果、柿子的大树,藤编花架上的草莓,寓意对农业的扶持给农民带来了丰收和富足的生活;利用回收的旧花盆串起的小人、铁皮做成的小兔子、蘑菇、青蛙,寓意现在的昌平已成为生态良好、和谐宜居的"美丽昌平"。

采用花材、用量、设计技巧

花坛总面积300m²,种植草本、球根花卉 7种,百合、鼠尾草、蝴蝶兰、千头菊种于花盆中,铺于地面,形成花海。佛甲草、五色草及海棠用于装饰景观小品,同时点缀少量其他植物材料。

片植花卉 片植花卉15000余株,包括百合5364株、鼠尾草9960株、蝴蝶兰186株、千头菊246株。此次选用香味浓郁的球根花卉百合作为花坛布置的主花材,在展示我区花卉产业生产技术的同时,给人以视觉和嗅觉的双重感官体验,提升了花坛的欣赏性。具体种植情况见表1。

立体绿雕 立体绿雕种植花材43.6m²,包括金叶佛甲草3.8m²、五色草39.6m²、四季海棠2.9m²。花坛中绿雕包括大树、房屋,均为钢结构,表面钢筋网塑型,内部填充草炭,同时针对立体花坛浇水困难、不耐水流冲击的实际问题,预埋渗灌管,通过渗灌解决了立体花坛浇水问题,最后扦插花材。立体布置全部采用穴盘苗,因其规格一致,整齐度高,根系完整,种植后即可呈现效果,大大缩短了立体花坛的施工期。具体种情况见表2。

表1 兰花大会主题花坛片植花卉种植情况

序号	名称	种植面积(m²)	密度	株数(株)
1	百合	149	36株/m²	5364
2	鼠尾草	83	120株/m²	9960
3	蝴蝶兰	2.3	81株/m²	186
4	千头菊	—	株间隔0.3~0.5m	246
	合计			15765

表2 兰花大会主题花坛立体布置花卉种植情况

序号	名称	种植面积	密度(株/m²)	备注
1	金叶佛甲草	3.8	1200	穴盘苗
2	五色草	36.9	1200	穴盘苗
3	四季海棠	2.9	600	穴盘苗
	合计	43.6		

其他植物材料 花坛内种植其他植物材料4种，包括叶子花14株、散尾葵15株、美丽针葵6株、鱼尾葵4株，共39株。这些株型大小、色彩不同花材的补充，高低错落，使花坛形成自然的斜面，更具立体感和层次感，花坛的景观也更漂亮活泼。

花坛内小品 以苹果、柿子、草莓的造型雕塑展示了昌平区都市型现代农业"一花三果"中的"三果"，使花坛主题鲜明。房子、小人座椅、轮胎小路等雕塑显示了昌平是宜居之地，又使花坛刚柔并济、生动有趣。

（1）入口"苹果""柿子""草莓"剪影

苹果、草莓、柿子高度分别为3.2m、2.4m、2m，只采用纤维强化塑料材质很难达到其承重要求，故在纤维强化塑料造型的里面加入一定量的钢构件来起支撑作用。采用烤漆工艺对造型上色，颜色鲜明。材质与内部花材、小品对比强烈，引人注目。

（2）"大树""房子"

"大树"高度3.5m，树冠宽度3.6m，树干的宽度是1m，厚度0.8m。大房子高2m，小房子高1.5m，厚度均为0.5m。为防止花坛在恶劣天气下倒塌，大树基座的四个角增置一个200kg的预制混凝土，共4块，大房子、小房

子每个均放置两个200kg配重，加强花坛的稳固性。

（3）轮胎青蛙

清洗轮胎，风干后刷清漆，青蛙眼睛选用大小合适、防锈处理过的铁盆，青蛙睫毛采用铁皮剪成睫毛造型，气泵喷漆。轮胎青蛙摆放到位后在轮胎里种植花卉。

（4）小人座椅

采用纤维强化塑料材质，表面喷真石漆提升景观效果，提高承重能力。

（5）轮胎小路

采用直径为80cm轮胎，局部打磨后喷清漆，气泵上色，将轮胎埋入40cm，精品白色雨花石铺设5cm厚，轮胎中间填充8cm混凝土。

（6）"国际一流科教新区"宣传语

采用金属字体氟碳烤漆工艺。氟碳烤漆色泽持久不变，有优良的保光、保色性能，抗酸、碱溶剂、水及化学品的侵蚀。制作时金属字体厚度达8cm，厚度感强烈，视觉效果明显。

（7）花架

将竹子切割成宽3cm竹片，用细砂纸将竹片表面和侧面打磨光滑，表面刷清漆提高竹子的亮度。然后将竹片用细铁丝按照图纸的样式进行绑扎。花架制作完成后将高仿真康乃馨用

细铁丝一支一支绑扎在花架上。

（8）花盆小人

利用不同盆径大小的花盆焊接而成后对花盆进行整体调色。

设计技巧　片植花卉用明度较高的黄色、橙色及亮粉色百合与明度较低的紫红色百合、蝴蝶兰、蓝紫色鼠尾草形成鲜明的对比。百合色带组成放射线效果，给人以飘逸、淡雅的感觉，加之百合花清新的香气势必会给游人留下深刻的印象，象征昌平区以百合产业为主的花卉产业如朝阳一般冉冉升起。放射线的尽头，匹配以蝴蝶兰、鼠尾草、千头菊等花卉以及其他花卉苗木，象征百合产业辐射带动其他花卉产业携手共进。花坛中的大树、房屋、小人、青蛙等小品，寓意花卉产业为昌平人民创造了生态宜居的环境。

使用新品种、新理念

盆栽百合的运用展示了昌平区的特色农业产业"百合产业"种植技术走向成熟，花坛内小品造型展现了昌平区花卉产业始终践行的环保理念。

新品种　此次花坛布置在选用常规花卉外，特选用球根花卉盆栽百合作为片植花卉的主要花材。在展示昌平区以百合为主的花卉产业生产技术水平的同时，解决了常规花卉品种单一、形式陈旧的问题，提高了花坛的观赏效果。

新理念　立体花坛营造了一个温馨、幸福的昌平百合小院的生活场景。在整组立体花坛中主要体现了以下三个设计理念。

（1）昌平特色——"一花三果"

"一花三果"是昌平的特色产业，也是昌平今后发展的重要品牌和新的亮点。为展示昌平区农林花产业发展成果，突出"一花三果"在昌平区农林业主导地位，提高农林花卉产业的知名度和影响力，利用"三果"——苹果、柿子、草莓造型做成了剪影式的院门以及百合花海，表现出地域性农产品、特色农产品与科技的融合后正蓬勃发展。

（2）环保理念

用百合花色带再现了昌平百合产业建筑覆盖理论的环保理念，表现出昌平人民在创造经济效益的同时对荒沙滩的进行治理的成果。

截止到2011年底，中国机动车总量已超过2亿，每辆车平均行驶10万公里便需更换一次轮胎，大量的废旧轮胎就这样产生。旧轮胎的回收利用已成为一个新兴产业。立体花坛中，将回收的旧轮胎经过景观处理后加工成轮胎花盆和花园小径。将不同尺寸的轮胎通过横竖拼插，刷绿漆后制作成小青蛙造型的花池。不同颜色喷漆的轮胎嵌入白石子中形成一条风格迥异的花园小路，既体现了废旧物品回收再利用的环保理念，又给小院营造了一个温馨、幸福的氛围。

回收的旧花盆串起的小人在芳香的百合小院中享受温馨的幸福时光。铁皮做成的小兔子、喷绘的脸盆和木桩做成的蘑菇、轮胎做成的青蛙种植池等小景观，展示了一幅静谧、祥和的生活画面。

（3）幸福宜居

寓意丰收和宜居生态环境的大树、幸福生活居住的房子、其乐融融的亲子生活场景、活泼又和谐的动植物景观，给整组立体花坛营造了一个温馨甜蜜的视觉空间和环保高品质的绿色天堂。在温馨、环保、较高观赏价值的居住环境下，昌平人民生活会更加幸福。

兰花大会主题花坛实景-1

兰花大会主题花坛实景-2

兰花大会主题花坛实景-3

月季大会花坛
Case 3

月季大会主题花坛设计效果图-1

月季大会主题花坛设计效果图-2

　　2016年世界月季洲际大会、第十四届世界古老月季大会、第七届中国月季和第八届北京月季文化节于2016年5月18日至24日在北京大兴同期举办。

　　世界月季洲际大会是由世界月季联合会主办，各成员国承办的世界级盛会，参会人员涉及世界月季联合会41个成员国、各国月季相关企业及月季爱好者。大会举办期间，将组织各成员国交流月季栽培、造景、育种、文化等方面的研究进展及成果，展示新品种、新技术、新应用，为举办国和举办城市推介地区品牌、开展国际合作提供平台。举办2016年月季大会，对进一步提升首都国际影响力、充分展现首都生态文明建设成果具有积极意义。根据市园林绿化局下发的《北京市园林绿化局关于组织参展2016年世界月季洲际大会的通知》（京绿场发[2015]3号）通知要求，我区参加室外永久景观造景设计建设，以展现我区地域产品特色以及整体形象。

设计思路

　　昌平月季园以"花果生香，魅力昌平"为主题，营造了一个具有昌平农业产业特色的展示园区。入口文化墙展示的是"天下第一雄关"——居庸关，体现出昌平浓厚的历史文化底蕴，同时借以长城蕴含的精神表达昌平科技工作者力排万难，巧妙利用已有资源，用智慧与汗水培育出丰花月季新品种'北京红'的过程。入口处的硬质铺装与月季构成了旭日东升的景象，表明了花卉产业作为昌平区农业产业的朝阳产业正冉冉升起。"百合""苹果""草莓""柿子""月季"等小品，体现区委区政府提出的"一花三果"的都市型现代农业发展战略。园内质朴的流线型木制汀步形成心的性状，表示昌平人民万众一心，众志成城，大力发展特色产业的决心。园区植物品种以'北京红'月季为主，体现本次大会的主题。花朵开放后，形成红色海洋，寓意昌平农业产业红红火火。

　　展园的整体设计展现了昌平区农业产业品牌和亮点，体现了昌平区农业产业取得了良好的社会、生态、经济效益，是发展农业产业、安置农民就业、增加农民收入的新途径，喻示昌平人民生活会更加幸福、美满。

采用花材、用量、设计技巧

　　花坛总面积196m^2，花材以昌平区自主研发的专利月季品种'北京红'为主花材，辅以黄杨球、西府海棠、樱花等观赏苗木，与"一

花三果"等雕塑相呼应，呈现了昌平区的地域特点与生态文明建设成果。

　　片植花卉　花坛共用'北京红'月季1820株，黄杨球、西府海棠、樱花等观赏苗木11株，龙桑、龙柳868支，草皮8.01m^2。

　　花坛选择自育花材品种丰花月季'北京红'为主花材，展示了我区集成首都科技资源，实施"科技兴花"战略，提升花卉产业科技含量的优秀成果。

龙桑、龙柳篱笆

　　花坛内小品　"百合""苹果""草莓""柿子""月季"等小品均采用不锈钢雕塑，外部喷漆处理后，光感强，简洁大方，形态感细腻，颜色丰富、真实，使用寿命长。

　　"苹果""草莓""柿子"双层绽放的"百合花"，加强了整体园区的立体感、空间感。双层百合花雕塑象征昌平区农业产业欣欣向荣，锦上添花。游客可以进入苹果雕塑的内部，提升了游览的趣味性。

　　利用花坛的边界空间位置，将脱皮、漂白的龙桑、龙柳作为篱笆，增强了花坛的整体性、协调性，既与会场相互融合，又突出了花坛的休闲田园小院效果，让花坛自成格局，有画龙点睛的作用，形成多层面的景观展示。

　　设计技巧　结合"框景"的造园手法，采

"一花三果"造型

用抽象的苹果轮廓构造出入口雕塑大门，将居庸关长城、美丽的百合花、富有趣味的水果屋框于园内，寓意昌平已经形成以百合花、草莓、苹果、柿子"一花三果"为主导的都市型现代农业产业，是一个生态宜居的好地方。利用插花艺术与自然景观相结合的表现手法，将龙桑、龙柳干枝作为花坛造型的一部分，让人联想到茂密的森林，体现了昌平区生态建设的成果。

使用新品种、新理念

我国栽培月季历史悠久，但月季育种多集中在西欧与美国，培养培育出具有中国自主知识产权的新品种意义重大，该次花坛所用'北京红'月季即为自主研发的新品种。

新品种 '北京红'月季是昌平区与中国农业大学自主研发的丰花型月季专利品种。株型半张开，生长势强，分枝多，单花花期12天，残花自动落瓣，且不易结实。其花色艳丽，为鲜而亮的朱红色，是颇受国人欢迎的喜庆色。四季性状好，连续开花能力强，耐热抗病，耐寒耐旱，适应性强，是适合本土气候的、我国自主研发的新品种之一。

月季大会实景-1

月季大会实景-2

新理念　花坛强调了昌平区建立"一花三果"的农业主导产业理念，体现了农业经济与科技文化融合的显著特征，契合了昌平区的农业特色，彰显了昌平区农业经济的跨越式发展态势。

龙桑、龙柳是重要的木本切枝花卉，因其对环境的适应性很强，耐瘠薄，能够对土壤进行有效覆盖，在昌平地区广泛种植，以达到抑制起沙、减少扬尘、降低温室温度、节约能源的生态效益，修剪枝条加工成干花工艺品还能实现经济效益。将龙桑龙柳作花坛最外层围栏，环抱整个主题花坛，好似温暖的怀抱保护着娇艳的鲜花，展示了我区利用龙桑龙柳实现生态效益与经济效益双丰收的成果。

2019年4月28日至10月9日，中国·北京世界园艺博览会于延庆区举办，是继昆明世园会之后，我国第二次举办的A1级国际园艺博览会，其理念是"让园艺融入自然，让自然感动心灵"。按照2019年中国北京世界园艺博览会执行委员会《关于做好2019北京世园会主体花坛设计建设有关工作的通知》（世园执委发[2018]3号）要求，我区紧扣世园会"绿色生活，美丽家园"的主题，以园艺为媒介，全面展现我区生态文明建设成就的同时，展现生态文明建设成果，弘扬绿色发展理念，建设昌平区主题花坛，提升昌平的社会关注度和国际影响力，将昌平的区域名片推向世界舞台，为共和国成立70周年献礼。

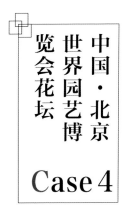

中国·北京
世界园艺博
览会花坛

Case 4

世园会主题花坛设计效果图

设计思路

昌平是生态涵养区，是首都西北部重点生态保育区，也是特色历史文化旅游和生态休闲区。昌平花坛在创作上以"科教引领、文旅融合"为总的主题。首先展现史话融城的居庸关长城；体现科教引领元素：以"创新、开放、人本、低碳、共生"为核心理念的未来科学城；代表昌平现代农业成果的"一花三果"产业链——百合为主的花卉产业，苹果产业、草莓产业，以及柿子为代表的传统果业；文旅融合的发展态势，山区造林的成果、昌平厚重的文化底蕴与城铁S2线——开往春天的列车，以及长城、运河、西山三个文化带山水相融、文脉相承的地域特点。

花坛整体融合昌平的现代科技、"山、水、城"的生态景象，展示昌平千年精粹，生态与古韵建筑相融，同时也将"绿水青山就是金山银山"与世园会主题"绿色生活，美好家园"完美契合。

采用花材、用量、设计技巧

花坛占地500m²，片植草本、球根花卉11种，景观小品装饰用花材2种，水生植物2种。

花卉色块 片植花卉13000余株，包括百合、郁金香、羽扇豆等花卉11种。花坛用片植花卉做画布，将昌平区重要景点、主要农业产业、科技创新的核心区域等均"画"于其上，展示了各业态欣欣向荣、百合齐放、百家争鸣的景象。具体种植情况见表1。

表1　世园会主题花坛片植花卉种植情况

序号	名称	种植面积（m²）	密度（株/m²）	备注
1	百合	10	64	640
2	郁金香	10	36	360
3	玉簪	25	36	900
4	月季	20	49	980
5	羽扇豆	15	49	735
6	飞燕草	15	49	735
7	毛地黄	25	49	1225
8	天竺葵	25	64	1600
9	鼠尾草	30	81	2430
10	角堇	30	81	2430
11	香彩雀	20	81	1620
	合计			13655

立体绿雕 立体绿雕种植花材25m²，包括绿草15m²、佛甲草10m²。本花坛中的绿雕包括卷轴、楼宇及跑道造型，较一般花坛体型大，尤其是"卷轴"的设计，高度约6.6m，宽28m，高大雄伟，厚度较薄。为保证绿雕稳固性，使用大规格工字钢为结构柱，角钢焊接连接，钢筋做网，外包绿色密目网。内部介质为营养土和发酵过的蘑菇料渣混合料，人工在脚手架上分层夯填，保证了绿植墙的营养成分。扦插植物也是在脚手架上分层扦插。植物选择五色草和佛甲草幼苗，这样栽植后缓苗快，成活率高，很快能见效果。具体种植情况见表2。

表2　世园会主题花坛立体布置花卉种植情况

序号	名称	种植面积	密度（株/m²）	备注
1	绿草	15	816	穴盘苗
2	佛甲草	10	816	穴盘苗
	合计	25		

水池与水生植物 花坛中水池面积70m²，种植菖蒲、荷花10m²，共计300株。水池在修建时考虑到游客安全性和场地实际情况的限制，在保证效果和功能性的前提下，尽量降低了水面高度。视觉表现效果为从背景绿植墙附近山体中流出的溪流，经过小桥叠水汇聚到前面成湖。湖底设置泵坑，循环至源头。防水采用土工膜满铺，上抹防水砂浆，以速凝水泥做二次防水，再粘贴一层蓝色刀刮布，周围驳岸镶贴卵石并点缀风景石，池内放水生植物和锦鲤。虽是人工建造临时花坛，但是展现给游客的是山水一线的自然风光。

花坛内小品 以仿古青砖为居庸关造型，呈现历史的厚重；其他造型选用玻璃钢材质突出质感与鲜亮的色彩。

（1）"居庸关"

居庸关是昌平区的一张具有厚重文化底蕴的名片，作为本花坛主要景观，为保证完成后的居庸关稳固不出现下沉等情况，底部使用C20商砼浇筑基础。底座选用仿古青砖，不但体现出原建筑的效果，并保证了结构上的安全性。考虑到本花坛10月展出结束后会拆除，避免成本浪费，顶部采用钢木结构制作，外部参照原建筑使用油漆和壁纸结合，屋檐四周遍布

世园会主题花坛实景-1

瑞兽石雕及仿真琉璃瓦，把"天下第一雄关"淋漓尽致的展现在游客面前。

（2）"苹果""草莓""柿子""列车""隧道"

苹果、草莓、柿子、列车、隧道选用玻璃钢材质，其材质较轻易于搬运以及安装，且具有一定的热防护和耐烧蚀的功能，可以根据要求来灵活地选择成型工艺，设计性能好，可一次成型，尤其对形状复杂、不易成型的数量少的产品，其工艺优越性更加突出，且玻璃钢颜色鲜艳，与花材质感完全不同的光滑表面，形成强烈的视觉冲击。

设计技巧 昌平花坛在设计上体现了昌平地域特色以及物种的多样性，山花烂漫、乔灌花草相结合的这种天人合一、崇尚自然、山水融合的生态理念；依托枕山望城、绿水穿城的景观，形成蓝绿交织、大疏大密的绿水空间格局。

使用新理念、新技术

花坛具有多元素相融统一的特点，也将浇水均匀、高度节水的微喷技术应用到花坛建设中。

新理念 花坛以"科教引领、文旅融合"

景观为主题，融入昌平诸多地域元素，历史与现代、科技与农业、文化与旅游、花坛与公园相辅相融，突出了多元素协调统一的设计理念。

灌溉技术的应用　花坛灌溉技术的应用解决了花坛的浇水问题。本花坛面积大，所在地形东高西低，且花坛内部又存在较复杂的地形，绿雕体量过大，植物种类多，仅靠喷灌浇水会导致部分地区浇水不到位，小范围的还有地形导致的积水情况。针对这个问题，采用微型喷灌、微型滴箭加人工相结合的方式，节约了水资源，降低了劳动成本，让花坛植物展现出最好的状态。

灯光效果的应用　灯具照明也为本花坛特色之一，灯具种类选择较多。最外面选择300W投光灯一个，照亮昌平赋景石；200W投光灯6个，照亮整体花坛。"居庸关"上四个角落安装4个100W投光灯，在夜间呈现出天下第一雄关的雄伟气质。分散3个绿色50W投光灯，5个点缀，照亮景观树等细节。卷轴绿雕顶部及两侧围绕白色LED灯带，楼房绿雕轮廓使用LED变色灯带。全部景观在夜间给游戏呈现出别具一格的景象。

世园会主题花坛实景-2

世园会主题花坛实景-3